U0178549

BLOCKCHAIN THINKING

区块链思维

从互联网到数字新经济的演进

梁伟 薄胜 刘小欧◎编著

思维是隐藏在技术背后，比技术更重要的范式。本书作为系统论述区块链思维的专著，提出了区块链思维与互联网思维是一脉相承的这一观点，此外，区块链思维在贡献平等、金融赋能、生态社群、组织变革、经济模型、社会治理、文化制度等方面还有着丰富的内涵。在此基础上，本书探讨了区块链与 5G、物联网、人工智能、大数据等新兴信息技术融合推动数字新经济发展的案例，并从金融、政务、智慧城市、数字社会等不同方面向读者展示了区块链数字新经济生态，是为对“区块链+”和“+区块链”战略感兴趣的读者提供的通识读本。

图书在版编目（CIP）数据

区块链思维：从互联网到数字新经济的演进/梁伟，薄胜，刘小欧编著. —北京：机械工业出版社，2020.8

ISBN 978-7-111-66312-6

Ⅰ. ①区… Ⅱ. ①梁… ②薄… ③刘… Ⅲ. ①区块链技术—应用—信息经济—研究 Ⅳ. ①TP311.135.9 ②F49

中国版本图书馆 CIP 数据核字（2020）第 148309 号

机械工业出版社（北京市百万庄大街 22 号　邮政编码 100037）
策划编辑：朱鹤楼　责任编辑：朱鹤楼　李佳贝
责任校对：李　伟　责任印制：郜　敏
盛通（廊坊）出版物印刷有限公司印刷
2020 年 9 月第 1 版第 1 次印刷
145mm×210mm・7.5 印张・3 插页・158 千字
标准书号：ISBN 978-7-111-66312-6
定价：65.00 元

电话服务
客服电话：010-88361066
010-88379833
010-68326294

网络服务
机　工　官　网：www.cmpbook.com
机　工　官　博：weibo.com/cmp1952
金　　书　　网：www.golden-book.com
机工教育服务网：www.cmpedu.com

推荐序1

新型信息基础设施不仅是ICT发展的基础，也是实现经济社会可持续发展的关键要素和重要基础。中央企业在新型信息基础设施建设中的关键性、重大性和战略性作用日益突显。我国已将区块链与5G、人工智能等一同列入新型信息基础设施的重点建设领域，把发展区块链提升到国家战略层面，明确要求把区块链作为核心技术自主创新的重要突破口，明确主攻方向，加大投入力度，着力攻克一批关键核心技术，加快推动区块链技术和产业创新的发展。电信运营商可以利用自身在网络资源和终端资源上的优势，布局区块链新型生产模式，对内提升传统业务效能，对外促进客户价值提供。

中国电信集团长期以来一直致力于信息基础设施的建设，积极推动5G、人工智能、区块链等关键技术自主创新，推进垂直行业融合应用高质量发展。在区块链领域，中国电信集团持续加大研发投入，通过双重项目形式着力开展一系列技术及应用探索。梁伟博士及其团队作为中国电信集团区块链领域研发先行军和集团区块链与数字经济联合实验室运营方，从2016年开始致力于区块链产业及核心技术研究、重点领域区块链应用创新、区块链平台及产品研发。先后打造了中国电信区块链基础设施及 SIM 卡，并落地了基于区块链的电子招投标、网间清结算、供应链管理与财税等一系列创新研发成果。

此书从思维角度切入区块链，语言精炼，深入浅出，通识性强，有利于提高相关技术和应用人员运用和管理区块链的能力，对想要了解区块链的人士也具有较好的引导价值，希望本书的顺利出版，能够为区块链产业和技术的创新贡献价值，并推动区块链在建设网络强国、发展数字经济、助力经济社会发展等方面发挥更大的作用。

中国电信集团副总经理　刘桂清

2020 年 5 月于北京

推荐序 2

随着新一轮世界科技革命和产业变革的到来，人类社会也迎来了发展和变革的全新机遇，以人工智能、大数据、区块链、云计算为代表的新一代信息技术的创新运用，为人类文明进步发挥了巨大的推动作用。其中，区块链技术作为构建信任社会的基础设施，已成为我国新兴科技的关键词之一。

2019 年 10 月，习近平总书记在主持中共中央政治局第十八次集体学习时强调，要把区块链技术作为核心技术自主创新的重要突破口，加快推动区块链技术和产业创新发展。2020 年 4 月，国家发改委明确将区块链纳入新基建基础设施范围。近年来，我国积极探索“区块链+”，以政务、金融、互联网、通信、医疗、农业为代表的多个行业纷纷布局区块链。在国家政策和监管部门的有效调控下，越来越多的政府部门、科研机构和企业参与到区块链的实践和探索中，区块链产业的发展回归理性、回归价值。

恩格斯曾指出，一个民族要想站在科学的最高峰，就一刻也不能没有理论思维。思维的转型升级是社会发展的重要推动力，随着我国经济进入了高质量发展阶段，掌握和运用科学思维尤为关键。梁伟博士的著作《区块链思维：从互联网到数字新经济的演进》，首次阐释了区块链思维的内涵，以社会发展的宏观视角精彩描绘了区块链思维的核心价值和外延。通过与互联网思维进行类比，深入探讨了“区块链思维”的产生动因、发展脉络以及对社会经济的颠覆性影响，敏锐洞见了技术发展背后的内在逻辑。

区块链行业的发展并非偶然，而是人类文明进步的必然。在对技术和应用的挖掘正如火如荼的今天，我很高兴看到这样一本著作，能够从纷繁的区块链项目中抽丝剥茧，直击技术背后的思维范式。在数字经济裂变式发展的当下，期待本书的出版能完善区块链研究的版图，以区块链思维进一步推动数字经济演进，解锁未来的无限可能。

浙江大学区块链研究中心常务副主任　蔡亮

2020 年 5 月于杭州

推荐序3

2019年10月，在成都举办的2019 CCF区块链技术大会上，我对梁伟博士进行了专题采访，探讨中国电信5G区块链手机。采访结束后，他兴奋地向我展示了一个秘密文档。

我快速浏览了大概内容，他问我："这是我正在写的新书，感觉怎么样？"语气中满是兴奋和期待。

梁伟博士有丰富的理论积累和实战经验，能让复杂的技术知识变得通俗易懂。要让普通人都能看得懂，这并不是一件容易的事情。

现在这本书正式跟读者见面了，我也很荣幸受邀将它推荐给你。

这是一本值得读的书。上篇侧重思维解读，下篇重点做案例解析，从区块链的文化价值出发，对比互联网思维与区块链思维的异同点，推演出区块链思维的内涵和外延。在思维之后，更是对正在发生的真实业务场景做了拆解，囊括了金融、政务、智慧城市等案例，并对案例背后的业务模型详细分解，让读者能够真切感受到区块链带来的改变。

在区块链发展早期，理应有一些人去做公共沟通，我们也很感谢拥有他这样一位布道者、践行者。目前的区块链领域，没有权威专家，没有无可争议的定义，没有前人的经验可供参考，我们都是未知世界的冒险家，四处探寻黑暗世界的边界。

任何一场时代浪潮在来临之前，都是模糊不清的。我们生在区块链的萌芽里，长在它的混沌中，将来，也期待能迎来它的红利期。如果有未来，愿你我都是先人一步抵达的人。

取法乎上，思维之上；得乎其中，通俗易懂；案例翔实，实践加持。祝每一位有缘人，都能从本书中有所收获。

巴比特副总裁/主编　汤霞玲

2020 年 5 月于杭州

自序

现如今，新技术以及新技术驱动的新思维方式，不断拓展着人们对产业发展、商业生态和未来文明的认知边界。站在21世纪第三个十年的开头，回望互联网革命的波澜壮阔，我们可以发现：第一，互联网技术和互联网思维是不同的；第二，现在人们很少谈及互联网思维了。这正是笔者撰写本书的出发点。

毋庸置疑，“互联网技术”极大地推动了互联网产业的发展：在“双11”大促时秒杀与剁手的背后，是支付宝每秒54.4万笔的峰值交易量、是飞天单集群1万台服务器的分布式调度、是洛神网关承载着数十TB的数据中心瞬时汇聚流量、是人工智能设计机器人鲁班4.1亿张个性化商品海报的绘制等；覆盖5.5亿月活跃用户的今日头条，平均每天有超5亿人次启动，平均每天单用户使用时长超过76分钟，这背后是今日头条“人工智能+大数据兴趣图谱”对用户行为的深入分析，是基于协同过滤和反馈机制的“个性化匹配策略”产生的高质量内容推荐。与互联网技术相辅相成推动互联网革命浪潮的是“互联网思维”：“羊毛出在猪身上，狗来埋单”，是在说互联网产品的免费是为了更好地收费；“得草根者得天下”，是在强调互联网的用户思维，因为互联网让“小众”变成“长尾”；“天下武功、唯快不破”，蕴含着互联网从敏捷开发到精益创业的迭代思维，小处着眼微创新；“目光聚集之处，金钱必将追随”，则体现了互联网对用户数量、活跃度等指标追求的流量思维和数字资产化的大数据思维。

同样，“区块链技术”与“区块链思维”也是不同的，这也是目前人们容易混淆的盲区。笔者在2019年出版了《深入浅出区块链核心技术与项目分析》一书，论述了“区块链技术”，包括区块链安全性技术、区块链隐私性技术、区块链可扩展性技术、区块链共识技术、区块链账本技术、区块链智能合约技术等，并介绍了底层链、二层链、跨链、分片、DAG、资源共享等类别的项目，为读者建立起区块链技术体系的知识树。“区块链思维”是隐藏在“区块链技术”背后，比它更重要的范式。本书从“区块链思维”切入，打造国内第一本系统阐述区块链思维的通识性著作。为此，笔者结合自己在日常工作、项目研发和培训交流中积累的经验，从科技、社会和经济的演进过程宏观分析区块链思维产生的历史必然性，类比互联网思维，剖析区块链思维的核心内涵，通过翔实生动的案例，阐述区块链对于社会经济的颠覆性影响，构建区块链与其他科技领域融合发展的图景。

从滴滴打车到美团外卖、从菜鸟物流到京东次日达、从微信支付到钉钉办公，互联网已经深深地融入人们的日常工作与生活，而“互联网思维”也已经大隐于市，很少被人们所提及。区块链作为再次变革人类经济组织模式、驱动数字经济增长的制度和技术，使“区块链思维”成为当下讨论的热门。一方面，区块链思维在价值传输、金融赋能、生态社群、组织变革、经济模型、社会治理、文化制度等方面有着丰富的内涵；另一方面，区块链思维与5G、人工智能和物联网等新兴领域充分融合，并开始在金融、政务、智慧城市、数字社会等诸多领域落地生根。或许五年后我们再回望时，会发现“区块链思维”也已经广泛普及了。

衷心感谢机械工业出版社对本书出版的大力支持。笔者水平有限，书中观点可能会有不妥、不全、不当之处，欢迎广大读者联系我们勘误补充，用“区块链思维”共同完善此书！

目录

上 篇

区块链思维与互联网思维一脉相承

以色列作家尤瓦尔·赫拉利在《人类简史》一书中纵横几十万年，深入阐述了人类发展的历史。在这个奇妙而宏大的故事里，他表达了这样的观点：人类从弱小的动物，逐渐进化，直至成为这个星球的“上帝”，正是靠着思维的一点点演进，逐渐统治了整个地球。

智人之所以在进化中领先于猩猩，是因为相比于单纯的生物进化，智人还叠加了一种思维进化，即“先想到才做到”，并以此推动了人类的第一次认知革命。正是以进化的思维为土壤，人类开始实现沟通、交换、协作，建立组织、国家、宗教，进而抵达食物链的顶端。所以，从历史的观点来看，思维的进化才是决定人类发展的最关键因素。

在几十万年后的今天，在我国数字经济发展的关键时期，我们惊喜地看到，一种新的思维方式正在萌生，并将助力解锁未来网络时代价值的无限可能。这，就是区块链思维。

区块链思维是“使生产关系更好地适应生产力的发展”这一人类社会发展目标的时代产物，其产生有一定的历史必然性。区块链思维的内涵包括“责权分布式、协议代码化、经济共识性”，其本质是使用经济的手段去重新审视并解决价值交换问题。区块链思维与互联网思维一脉相承，秉承了互联网思维的开放与平等；区块链思维推动着互联网从信息平等到贡献平等，让数权从“君主制”走向“民主制”；区块链思维是一种共赢的经济模型，通过金融的力量赋能个体；区块链思维将激发千姿百态的数字资产，并带来一场无硝烟的新型货币战争；区块链思维旨在打造共识共享的生态，通过社群力量重塑组织形态；区块链思维通过分布式组织模式，有利于提高社会治理的透明度和协同效率；区块链思维还具有文化价值，有利于彰显东方传统价值观和社会主义制度的优越性。

本篇将立足于我国数字经济发展的时代特征，以类比方式，从互联网思维切入，带领读者认识区块链思维的内涵；通过对多种新兴技术与区块链思维交融碰撞的剖析，介绍区块链思维在金融科技、大数据等领域的丰富外延；同时，基于思维演进作为社会发展助推器的历史发展观，勾勒区块链思维推动组织形态、经济学、社会治理等变革的未来发展地图。

第一章

从区块链与我国数字经济发展的邂逅说起

2019 年年末，在国家政策、技术研发等多重因素的推动下，区块链似乎一夜间石破天惊，国际关注度、市场需求度空前。

有人说，是中国抓住了区块链开辟的全球新兴技术新机遇，积极抢占未来国际科技竞争新赛道；也有人说，是区块链搭上了快速发展的中国列车，华丽转身，成为引领未来价值网络生态的核心技术。

事实上，纵观中华文明的发展历程，我们更愿意称之为“区块链”与“中国数字经济发展”的一次美丽邂逅，它有着很大程度的历史必然性，未来也必将创造无数可能性。

第一节　数字经济时代，我国正在缩小与发达国家之间的差距

习近平总书记曾在 2018 年 6 月中央外事工作会议上指出：

“当前中国处于近代以来最好的发展时期，世界处于百年未有之大变局，两者同步交织、相互激荡。”大发展、大变革、大调整是百年大变局的基本特征。作为世界上最大的发展中国家、最重要的社会主义国家、拥有五千年历史与文明的国家，中国正在完成从富到强的历史性飞跃，正在通过和平崛起改变着国际力量的对比，也正在引领着百年大变局向着符合世界各国人民共同利益的方向发展。

数字经济已成为未来全球发展的新主线。《G20 数字经济发展与合作倡议》中指出，数字经济是指以使用数字化的知识和信息作为关键生产要素、以现代信息网络作为重要载体、以信息通信技术的有效使用作为效率提升和经济结构优化的重要推动力的一系列经济活动。科技与创新是数字经济发展的重要驱动力量。近年来，国家对科技创新进行了一系列全面而系统的部署：把发展的基点放在创新上，完成新旧动能转化；瞄准世界科技前沿，强化基础研究，实现前瞻性基础研究、引领性原创成果重大突破；面向世界科技前沿、面向经济主战场、面向国家重大需求，加快各领域科技创新，掌握全球科技竞争先机；推动科技创新主动引领经济社会发展，构筑核心能力，实现高质量发展。当前，“ABCD”新兴信息技术的融合推动着数字经济的发展：云计算（C，Cloud Computing）作为生产力，极大降低了数字经济时代的创新成本；大数据（D，Big Data）作为生产资料，在此基础上提供海量异构数据的分析筛选；人工智能（A，Artificial Intelligence）作为生产工具，让数据处理和业务实现自动化、智能化、最优化；区块链（B，Blockchain）作为生产关系，有利于促进价值传递的大规模协作；物联网（I，Internet of Things）作为多触点，提供物理世界的数字化连接与感知；第五代移动通信（5G，the 5th Generation Mobile Communication）则可以提供高速率、低延时和海量接入数据的传输。

如果说传统互联网时代，我国的创新更多是C2C（Copy to China），那么数字经济时代，我国的发展创新已经进入了无人区。中央政治局密集地学习了ABCD的新兴信息技术。例如，2017年12月，中央政治局在第2次集体学习实施国家大数据战略时指出，要推动实施国家大数据战略，加快完善数字基础设施，推进数据资源整合和开放共享，保障数据安全，加快建设数字中国，更好地服务我国经济社会发展和人民生活改善。2018年10月，中央政治局在第9次集体学习人工智能发展现状和趋势时指出，人工智能是新一轮科技革命和产业变革的重要驱动力量，加快发展新一代人工智能是事关我国能否抓住新一轮科技革命和产业变革机遇的战略问题。2019年10月，在第18次集体学习区块链技术发展现状和趋势时，中央政治局指出把区块链作为核心技术自主创新的重要突破口，明确主攻方向，加大投入力度，着力攻克一批关键核心技术，加快推动区块链技术和产业创新发展。

1962年，日本科学史学者汤浅光朝，在研究了近代有代表性的科学成果和著名的科学家后，发现了科学活动中心周期性转移的“贝尔纳-汤浅现象”。汤浅光朝认为，在一段时期内，如果一个国家的重大科学成果占到全世界科学成就的25%，那么这个国家就是当时科学活动的中心，这个中心迄今已经经历了五次转移，分别是意大利、英国、法国、德国、美国。具体来说，1540 年至 1610 年的意大利是第一个“汤浅中心”，伽利略的惯性定律和天文望远镜，布鲁诺的宇宙无限论，哥白尼的日心说，让意大利成为当时自然科学的世界中心。1660 年至 1730 年的英国成为第二个“汤浅中心”，最为突出的是牛顿的万有引力定律，那个时代的英国在地质学、天文学和生物学等领域都取得了一系列开创性成果，同时也为工业革命的到来奠定了科学基础。第三个“汤浅中心”是 1770 年到 1830 年的法国，这一时期的法国人在数学、物理、化学、生物、天文等方面都取得了创造性的发现，涌现出了达朗伯、萨迪·卡诺、拉普拉斯、布封等一大批伟大的科学家，引领了当时世界科学发展的潮流。第四个“汤浅中心”是 1830 年到 1920 年的德国，爱因斯坦提出相对论，普朗克提出量子概念，伦琴发现 X 射线，尤斯图斯·冯·李比希创立了有机化学，维勒成功合成尿素，施莱登和施旺创立细胞学说，强大的德国工业实验室将科学与企业有机结合，推动德国工业和科技的迅猛发展。第五个“汤浅中心”是 1920 年至今的美国，这 100 年间，世界诺贝尔物理、化学、生物及医学奖有超过一半由美国科学家获得，比尔·盖茨、史蒂夫·乔布斯、埃隆·马斯克更是引领了新一波信息革命爆发的潮流。

在以数字经济、智能化、生物科技、绿色可持续为特征的第四次工业革命中，我国在有些领域已经和一些发达国家站在了同一起跑线上，当今世界的科技发展也趋于多极化，东方文明正在复兴。数字经济是一场由经济、科技、军事、文化等决定因素组成的综合国力的角逐，其机遇与挑战都是空前的。正如2018年5月习近平总书记在两院院士大会上明确指出的："中国要强盛、要复兴，就一定要大力发展科学技术，努力成为世界主要科学中心和创新高地。我们比历史上任何时期都更接近中华民族伟大复兴的目标，我们比历史上任何时期都更需要建设世界科技强国！"

我国已成为世界第二大经济体，是制造业第一大国，目前正在加速推进产业结构调整和技术改造，提升"中国智造"水平；我国是货物贸易第一大国，预计到2025年对外货物贸易额将达到25万亿美元，助力更多新兴市场融入全球产业链、供应链和价值链；截至2018年年末，我国外汇储备量连续13年位居世界第一，充足的外汇储备为促进国民经济良好发展、改善人民生活质量提供了重要经济保障。联合国产业分类目录中工业目录包含有41个大类、191个中类和525个小类，而我国是世界上唯一一个拥有所有工业门类的国家，工业体系完备、产业链条完整。

中国科技不仅造福了中国还惠及世界："杂交水稻"被列为发展中国家粮食危机的首选战略措施之一，已在40多个国家种植了超过700万公顷，每年增加的产量可以养活约3 000万人口；屠呦呦获得了诺贝尔医学奖，以"青蒿素"为基础的联合疗法，被世界卫生组织确定为现有治疗疟疾的最佳疗法，每年治愈全世界患者上亿人，已经挽救了数百万人的生命；"中国高铁"在"一带一路"的倡议下，其海外版图已经扩展到亚洲、欧洲、非洲、美洲等地区，带动当地经济发展和民众就业；在2019年全球超级计算机500强榜单中，我国超算蝉联上榜数量第一，“神威—太湖之光”“天河二号”等赫然在列，为人类气象预测、天体物理、工程仿真等重大项目保障了超强算力；腾格里沙漠太阳能公园，占地43平方千米，提供1 500兆瓦的太阳能发电能力，将沙漠治理、农业节水与光伏三大技术完美结合，沙漠光伏并网电站的成功落地在全世界范围内也为首例，被誉为“太阳能长城”；“嫦娥 4 号”作为世界首个在月球背面实现软着陆巡视探测的航天器，已为我国探明了氦3燃料、稀有金属等资源。

我国的教育文化有力推动着科技的发展：以粤港澳大湾区集群、北京集群为代表的18个科技创新集群进入全球科技创新集群百强；我国的高等教育规模世界第一，每年有大学毕业生 800 多万；莫言荣获诺贝尔文学奖，刘慈欣获得雨果最佳长篇故事奖、为亚洲首位获奖者，郝景芳获得雨果中短篇小说奖等。

第二节　新基建释放我国数字经济新动能

历史总是那么的相似，但每一次相似又不尽相同，一轮轮的行业周期在轮番上演，一次次的危机在不断推动生产力和生产关系的变革。如果说2003年的SARS疫情，影响了中国电商数字生态的发展，首届双 11 购物节从最初的 27 家商家参与，销售额只有 0.5 亿元，到 2019 年销售额 2 684 亿元，已演变成丰富多元的、全社会协同的世界级商业现象；那么 2020 年开局的全球性新冠肺炎疫情，将会对数字经济带来更加深远的影响。

波特在其《国家竞争优势》（1990 年版）一书中，指出了在现代的全球经济下，每一个国家的发展将经历生产要素驱动、投资驱动、创新驱动和财富驱动这四个发展阶段。他提出的“钻石理论”，是揭示了以上四类要素组成的“钻石”，是如何改变国家的竞争环境，影响生产率和生产关系，从而决定一国的财富发展状况的。在现代全球经济下，国家发展竞争力不再由先天继承的自然条件一票决定。如果国家选择了有利于生产率增长的政策、法律和制度，比如提升本国的科技能力、大力投资建设各种专业化基础设施、实施配套策略使商业运行更有效率等，就等于选择了繁荣。

对照钻石理论来看，在 1981-2017 年间，我国主要是由传统基建为代表的投资驱动发展，曾一度带动我国经济进入高速发展通道。近年来，传统基建的驱动潜力基本释放完全，经济增长开始放缓。2019 年，我国 GDP 达到 99.09 万亿元，同比增速为 6.1%，增速同比下降 0.5 个百分点。我国经济发展将踏上由投资驱动转向创新驱动的转型之路，对由科技创新主导的新型基础设施的建设需求将显著提升。

基于《2015 年知识产权报告：突破性创新与经济发展》给出的分析框架，创新可以通过资本深化、推动人力资本增长、提高企业生产效率与促进经济结构转型四大途径来促进经济增长。在当前发展阶段，我国正在面临新旧动能的转换。如果说以往的基础设施建设是“铁公基”，包括铁路、公路、机场、港口、水利设施等项目面临投资饱和等瓶颈，那么国家提出的“新基建”则可以充分投资。国家发改委明确：“新基建”是以新发展理念为引领，以技术创新为驱动，以信息网络为基础，面向高质量发展需要，提供数字转型、智能升级、融合创新等服务的基础设施体系。这次疫情无疑加速了向新基建的转型，以网络化、数据化、智能化为特征的新基建，也将成为培育数字新经济的孵化器和传统产业升级的加速器。

2020 年 4 月 20 日，国家发改委新闻发布会上，官方首次在之前列举的七大领域基础上，进一步明确了“新基建”的范围，包括信息基础设施、融合基础设施、创新基础设施三大方面：

一、信息基础设施。主要是指基于新一代信息技术演化生成的基础设施，比如，以 5G、物联网、工业互联网、卫星互联网为代表的通信网络基础设施，以人工智能、云计算、区块链等为代表的新技术基础设施，以数据中心、智能计算中心为代表的算力基础设施等。

二、融合基础设施。主要是指深度应用互联网、大数据、人工智能等技术，支撑传统基础设施转型升级，进而形成的融合基础设施，比如，智能交通基础设施、智慧能源基础设施等。

三、创新基础设施。主要是指支撑科学研究、技术开发、产品研制的，具有公益属性的基础设施，比如，重大科技基础设施、科教基础设施、产业技术创新基础设施等。

放眼未来，在国家层面的政策支持下，5G、人工智能、工业互联网、物联网、数据中心、区块链等技术将充分释放新动能，带动数字经济产业的发展跃迁。

1．5G。信息通信业是全面支撑经济社会发展的战略性、基础性和先导性行业。信息通信技术的升级对其他产业的发展具有至关重要的支撑、保障和带动作用。2019 年被称为 5G 商用元年，我国目前已成为世界领先的 5G 市场之一。5G 是移动通信领域的一项革命性技术，其峰值速率有望比目前的 4G 技术快 20 倍。5G 的新特性可以被用来支持新的移动通信和互联网商业服务，这些服务需要包括移动运营商、企业、电信提供商、政府监管机构和基础设施提供商在内的多方之间的无缝交互。5G 将成为社会发展的关键动力与抓手。根据中国信通院发布的《5G 社会影响力》测算，2030 年，5G 将带动的总产出、经济增加值、就业机会分别为 6.3 亿元、2.9 亿元和 800 万个。在疫情期间，从 5G 远程医疗会诊，到运营商搭建火神山、雷神山 5G“云监工”平台，新一代通信技术对于抗击疫情、提振经济、促进复工复产已经显现出巨大的技术潜力。未来，在线教育、远程医疗以及更多新模式、新业务、新场景将加速落地。5G 基建，将成为数字经济发展的核心引擎。

2．物联网。随着 5G 基建的飞速发展，物联网构建的万物互联互通体系，将从梦想走进现实。通信产业将从仅以人为对象，真正走入以物为对象的时代。5G+物联网有望带动万亿产业规模。根据工信部数据，2019 年，我国物联网产业规模已从 2009 年的 1 700 亿元跃升至 2016 年超过 9 300 亿元，并预计将在 2020 年达到 18 300 亿元，年复合增长率高达到 18%。

3．大数据中心。随着万物互联互通，海量数据将从无所不在的物联网设备中涌向大数据中心。作为 IT 基础设施，新基建时代对大数据中心建设提出了新的需求。更安全、更智能、更灵活、更节能、更大容量、更高感知度，成为未来大数据中心建设的新主题。配合区块链、人工智能等技术，新型数据中心将为数字经济腾飞提供主要燃料。

4. 人工智能。人工智能技术作为新一代信息技术的重要分支，近年来一直受到政策的大力支持。其中，智能驾驶是人工智能在汽车行业的重要应用，也有望成为新基建的重要一环。此外，作为重要的工具，人工智能将进一步发挥技术潜力，挖掘海量数据价值，为更多场景制定智慧化、最优化的方案蓝图。

5. 工业互联网。“生产、流通、服务”是工业互联网三大组成部分。经过多年发展，工业互联网建设逐渐从智能制造转向产业应用。在“新基建”的结构上，工业互联网将会催生出更多的创新服务和商业模式。按照政策要求，到 2020 年年底，要初步建成工业互联网基础设施和产业体系。在政策的强力推动下，工业互联网行业有望进入快速增长的阶段。

6. 区块链。如果说 5G、大数据中心、人工智能、工业互联网是面向垂直场景的驱动型技术，那区块链则是侧重横向连接管理的驱动型技术。区块链与其他新兴技术的合纵连横，将诞生更多奇妙的反应，实现数字经济的跃迁。比如，区块链+5G+物联网，可以实现多参与方之间、海量设备间的可信管理、安全交互、高效协同。区块链+大数据，可实现多方数据安全共享、公平高效的价值交换等。

经济学家任泽平提出：“新基建的建设中，还应加强‘软的’

新基建建设，包括：加强舆论监督和信息公开透明、补齐医疗短板改革医疗体制、加强应急医疗体系建设、加大知识产权保护力度、改善营商环境、落实竞争中性、发展多层次资本市场等。”这些，正是区块链“横向连接”技术未来的主要发力点。

区块链提供了重塑数字经济时代秩序、规则和信任的集成技术方案，在新基建的数字化能力基础上，可进一步提供价值交换、可信追溯、多方高效协同等能力，对原有社会的组织方式、商业秩序等可能产生重大影响，甚至可能颠覆数字经济时代的生产关系。区块链所集成的加密技术、多方共识、智能合约等一篮子技术方案，将在数字经济时代引发一系列产业链重构。从这一层面来看，区块链将成为新基建的价值基础设施。

第二章

区块链思维的内涵

桥水基金的创始人瑞·达利欧在他的畅销书《原则》中说道："我再次认识到了学习历史的价值。这次发生的事无非是历史的又一次重复而已。"这一原则在科学技术领域同样非常适用。

当我们开始纵深探索区块链技术的本质，挖掘其背后的思维逻辑时，在科技发展的浪潮里溯流而上，就必然会与一个同样致力于"开放共享、多元价值"的技术不期而遇——互联网技术。

因此，本章将从互联网思维开始，通过类比分析，认识区块链思维的内涵。

第一节　从互联网思维到区块链思维

现在应该很少有人谈及"互联网思维"了，这是因为互联网思维已经渗入到人们生活的方方面面，从滴滴打车到美团外卖、从菜鸟物流到京东次日达、从微信支付到钉钉办公，都在深刻影响着人们的生活和工作。但由于没有更好的分配机制，使数据的创造者不能更好地享受数据创造带来的便利，从而导致本来“自由、平等”理念下的互联网精神被BATJ（百度、阿里巴巴、腾讯、京东）为代表的企业垄断。区块链的出现是历史的必然选择，但其又与互联网思维一脉相承。

马克思在其政治经济学理论中指出，生产力决定生产关系，生产关系要适应生产力的发展、会反作用于生产力。自第一台计算机于1946年在美国宾夕法尼亚大学诞生以来，信息技术的不断进步让人类的生产力得到了惊人的增长；进入21世纪，随着新一代信息技术风起云涌，云计算已成为新的生产力，大数据已成为新的生产资料，人工智能成了新的生产工具，区块链则重塑着新的生产关系，共同推动数字经济不断向前发展。从2012年至今，笔者在业内开展了很多创新创业探索，深深感受到以互联网和区块链为代表的新一代新兴信息技术及其背后的思维之于商业变革的重要性。并不是因为有了互联网和区块链技术，才有了互联网思维和区块链思维。在新兴信息技术持续发展，和其不断冲击着传统商业形态的影响下，人们的思考方式必然会产生变化，直至这种思维的集中爆发。互联网思维和区块链思维对个人的意义取决于个人的认知。

“信息是事物运动状态或存在方式的不确定性的描述，可通过概率论和随机过程测度不确定性的大小。”如果说香农信息论以数学的方法定义了信息，那么区块链则是以数学的方法定义了信用：“贪婪的攻击者会发现作恶还不如按照规则行事、诚实工作更有利可图。”区块链与互联网的关系，就是价值传递与信息传递的关系，两者相伴而生、深刻联系。现在，人们已经拥有了一个开放平等、协作分享的互联网作为信息传递基础设施，那么也必然需要一个与之匹配的价值传递体系，所以区块链的诞生和发展并非偶然。

图 2-1　信息论创始人克劳德·香农[㊀]

在科技不断发展的背景下，互联网思维作为一种新的思考方式，对产品、用户、市场乃至整个商业生态进行着新的审视。互联网技术打破了原有的交流屏障，将商业社会中的人与人、人与机都用网络连接起来，在网络中完成协同、分工与合作，信息双向流动，大大降低了交互的成本，提高了生产的效率。互联网的发展促使了整个商业社会的模式趋于扁平状、分布式、开放化，也催生了以“民主、开放、平等”为主要特点的互联

㊀ 引自：搜狗百科“香农定理”。

网思维。在这样的生态环境中，只有拥抱互联网、主动适应互联网、用互联网思维去思考的企业才能真正脱胎换骨，成为互联网时代信息浪潮中的弄潮儿。

同样，区块链技术支撑下的分布式商业也是在新一代新兴信息技术的发展进步下诞生的。区块链技术早期应用于比特币，被认为是下一代最具颠覆性的技术，囊括了加密算法、共识机制、点对点传输以及账户与存储模型等技术，早已不再仅仅局限于加密数字货币的范畴，采用去中心化、多中心化、安全可信的方式解决了“中心化”固有的成本过高、效率低下、信任度低的问题。类比互联网大发展的路径，区块链驱动的数字经济时代的发展也需要首先建立“硬链接”，让实体行业和现实社会接入区块链系统，实现用数学表达价值，在全社会范围形成以“责权分布式、协议代码化、经济共识性”为主的区块链思维，进而建立四通八达、相互融合的价值传递体系。作为一台共享经济下的低成本信任机器，区块链迎合了商业时代拒绝一家独大的发展诉求，助力数字经济社会向着一个权力分散且系统完全自治的方向演进。在以区块链思维驱动的社会和市场运转中，各利益相关方有坚实的信任基础，买卖双方的主、被动方向发生了扭转，生产关系发生了巨大的变化，这是通过民主自治、互信互利和价值被量化、被存储、被流通得以实现的。因此，区块链思维作为商业时代的产物，是为了使生产关系更好地适应生产力的发展，区块链思维的本质是使用经济的手段去重新审视并解决问题。不是因为有了区块链，才有了区块链思维，而是在时代发展的必然趋势中，正因为区块链的出现和发展，才使得区块链思维得以浮出水面。

第二节　同源的思维内核：开放、平等

前面我们谈到，沿着社会发展脉络回溯，互联网思维与区块链思维是一脉相承的，其诞生顺序、发展逻辑有一定的历史必然性。现在，我们再来从技术架构角度纵深剖析，进一步探索二者之间一脉相承的深层原因。

人类发展的过程伴随着其对于所处生态的建设、完善以及创造发明。人类社会中，“生态”一词不仅是描述生物生存的状态，也勾勒着生物之间、生物与环境之间环环相扣的关系，其含义范畴随着社会的进步而显著扩展。

“国美”“沃尔玛”“万达”是为了更好地满足人们日常消费需求的生态；“微软”“Linux”“安卓”是为了更好地满足应用软件爆发应用需求的生态；“淘宝”“微信”“携程”等是为了更好地满足购物社交、便利等需求的互联网生态；“比特币”“以太坊”“EOS”等是为了更好地满足非中介化价值交换与转移需求的公链生态。可以预见，未来价值网络的最高形态是更好地满足当前时代多方需求的商业生态系统。

不同的生态建设需求，推动了不同技术架构的革新。而核心技术架构又决定了生态的内在思维本质。

互联网技术是网状结构而非层次结构，虽然不同的节点有不同的权重，如互联网拓扑图中不同节点的连接度不同，但并

没有一个节点是中心节点，也没有一个节点是绝对权威的。同样，区块链基于点对点的网络构建，虽然不同的节点可能有不同的分工，如共识节点、非共识记账节点、查询同步节点等，但并没有一个节点是中心节点，也没有一个节点是绝对权威的。这种分布式、平等的技术架构决定了互联网思维和区块链思维都拥有“开放、平等”的重要特征。开放和平等是构建平台和生态的基础。有了开放和平等，才能吸引多主体参与，并形成一种无意识的、自利的自组织，促成双向互动的正循环，鼓励参与者共建共享，设计出共赢模式的交易结构，进而推动生态平台的盈利。

秉承“让天下没有难做的生意”理念的阿里巴巴网络技术有限公司(以下简称:阿里巴巴),其生态化系统最早开始于1998年上线的网上贸易平台，让中小企业通过互联网方便寻求潜在贸易伙伴，之后不断优化其生态平台，相继成立淘宝、天猫、阿里妈妈、支付宝、聚划算、菜鸟物流等，逐步演变成集国内和国际B2B电子商务、B2C电子商务、C2C电子商务、电子商务支付系统、电子商务比价系统、商品信息搜索、团购等围绕电子商务建立的多元化生态圈，围绕人们日常生活的信息流、资金流和物流，改变大众的消费习惯，让后来者难以撼动其地位。深圳市腾讯计算机系统有限公司（以下简称：腾讯）的生态化系统始于1999年2月推出的即时通信软件OICQ，后改名为QQ，之后不断优化其生态平台，相继推出QQ邮箱、QZone、QQ游戏、腾讯微博、腾讯新闻、微信等一系列产品，逐步演变成涵盖社交、游戏、网媒、无线、电商和搜索六大业务在内的

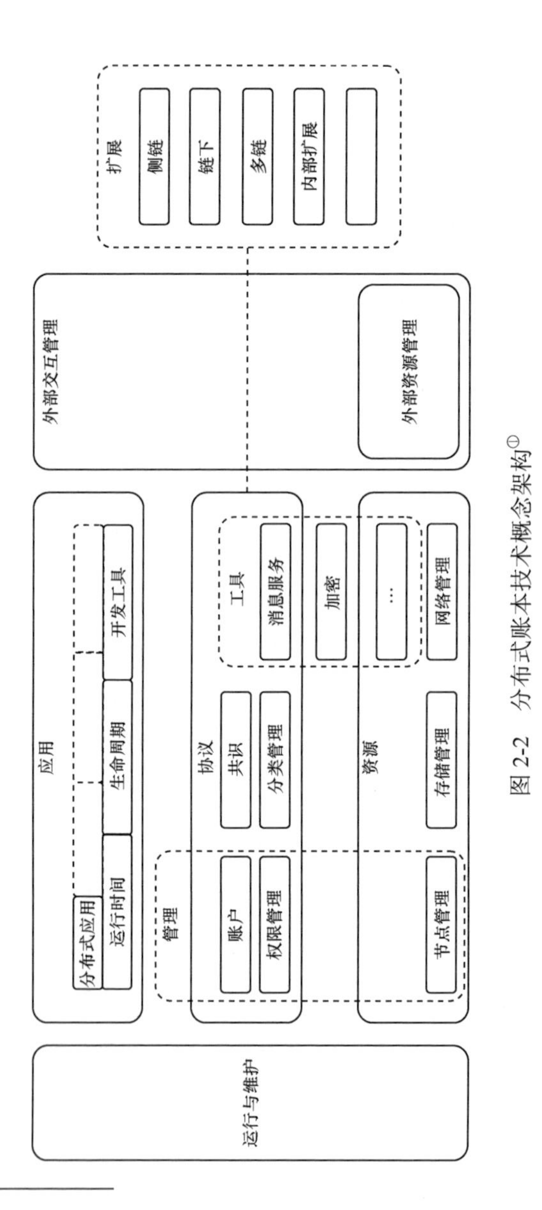

图 2-2 分布式账本技术概念架构[1]

---

[1] 引自 ITU-T [b-FG DLT D3.1] Technical Specification FG DLT D3.1:2019, Distributed ledger technology reference architeeture.

多元化生态圈，充分满足人们“一站式”在线生活需求。以太坊（Ethereum）的生态化系统始于 2014 年 7 月的众筹，定位为区块链世界的计算平台，不断聚集开发者、创业公司、社区以及分布式应用，呈现出多样化、全球性和日益去中心化的发展生态，相继规划并经历了前沿（Frontier）阶段、家园（Homestead）阶段、大都会（Metropolis）阶段、宁静（Serenity）阶段以及多次分叉优化改进，主网已经处理了超过 5 亿笔交易，最繁忙时有 61.6 万个活跃地址同时在交易，按照状态排名的前 50 个去中心化应用 Dapp 中有 29 个是基于以太坊构建的，平台及生态的重要性、认可度和卓越性都在不断增长。

	All	ETH	EOS	Steem	TRON	IOST	Neo
Dapp数量	2,989	1,822	493	92	520	38	24
活跃Dapp数量	2,217	1,129	479	80	482	32	15
新Dapp数量	1,445	690	260	34	411	38	12
活跃用户数量	3,117,086	1,427,093	518,884	120,560	967,185	27,871	55,493
新用户数量	2,769,070	1,289,831	399,416	60,123	947,775	27,871	44,054
交易次数	3.26B	24.52M	2.81B	85.72M	290.28M	47.10M	2.27M
交易金额（代币结算）	--	12.64M ETH	1.40B EOS	84.83M STEEM	142.44B TRX	12.53B IOST	410.33K GAS
交易金额（美元结算）	$10.90B	$2.37B	$4.98B	$29.02M	$3.41B	$114.34M	$1.01M

2019 Annual Dapp Market Report |7

图 2-3　2019 年各底层平台 Dapp 发展情况[⊖]

随着以太坊、Hyperledger 等各类区块链底层平台的蓬勃发展，许多以前意想不到的新型应用也借助区块链技术的帮助纷

⊖ 引自 Dapp.com“2019 Annual Dapp Market Report”.

纷面世并且取得了相当不错的成绩。Steemit 使用区块链数字通证激励体系鼓励作者进行创作，用户的每一次阅读和点赞都能以代币的形式转化成创作者的收益。“迷恋猫”数字游戏可以使用户在线上养育一只独一无二的宠物猫，还提供了收藏、繁殖、交易等功能，实现了用户“云养猫”的梦想。Cryptobuyer 为数字货币开设了自动柜员机，用户可以去便利店进行多种类的数字货币交易，就像在便利店买瓶饮料那么简单。区块链技术的成熟为各种以往看起来异想天开的方案提供了生长发芽的土壤，互联网应用也因此迎来新一波的发展浪潮。如果说过去十年互联网思维的出现让电子商务、移动支付等概念颠覆了人们的生活，那么未来的十年区块链思维又将从应用层面为数字经济时代带来怎样天翻地覆的改变？

第三节　差异化思维特质：让信息平等？让贡献平等

尽管有着相近的发展逻辑、类似的技术架构，互联网思维与区块链思维依然在其驱动目标上有一些区别。简单来说，互联网思维致力于实现“信息平等”，而区块链思维则服务于“贡献平等”。

信息的传输和价值的传递是密不可分的，它让人类作为一个群体不断获得知识的迭代与财富的积累。

互联网从根本上颠覆了信息的传播方式，以更为温和的方式，完成一次信息时代的“朝代更迭”。

互联网通过技术手段消除了信息的不对称，包括空间上的信息不对称、时间上的信息不对称以及人与人之间的信息不对称等，使得资讯获取、沟通协作和电子商务的效率极速提升，从传统媒体到零售行业再到金融产业，逐渐打破建立在信息不对称基础上的效率洼地，甚至把人们带入了一个“信息过剩”的时代。每个人都可以通过互联网在第一时间获知今日要闻，通过互联网预订旅行度假的航班、专车、民宿，通过互联网学到顶级学府的公开课和专业知识。互联网公司在免费提供上述资讯、沟通和商业服务的同时，获得了大量的流量，流量中最有价值的是用户数据，在此基础上进行大数据挖掘分析，进而通过精准营销和广告获得丰厚的收入，所以互联网的模式关注的是流量拉新、促进成交额、提高转化率。

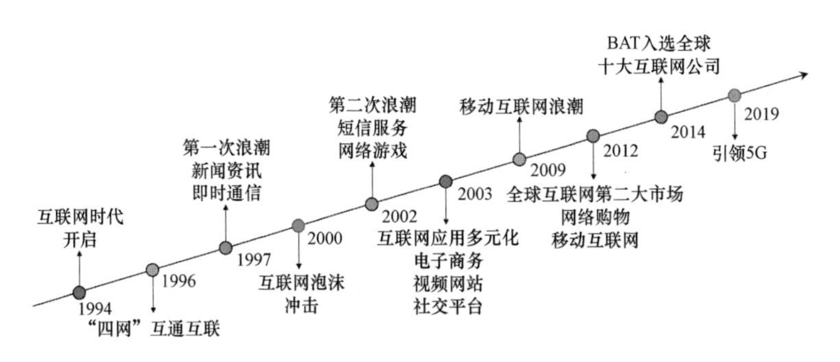

图 2-4　互联网演变历程

正是由于互联网典型的盈利模式，让互联网在提供信息平等的同时，也带来了新的不平等。人们花费了精力和心血创作的内容、拍摄的照片、产生的数据，除了在互联网平台上得到别人的点赞而获得心理满足感外，却很少获得与之匹配的回报与激励，而垄断了信息和数据的互联网平台则通过流量和广告从中榨取了巨大的经济利益。微信的用户不断创造着浏览量过万的优质朋友圈原创文章，但并没有收获到与腾讯成长壮大同等的福利；滴滴打车的前 1 000 名用户，是这个出行共享经济生态最值得珍惜的贡献者，但他们并没有获得滴滴出行科技有限公司（以下简称：滴滴）一轮又一轮高估值的红利。

社群是区块链的灵魂，社群让发展生态化，让人找到正确的组织，各尽其才。区块链通过社群生态和通证经济模型，完全可以让生态的早期参与者更加受益。根据用户在网络平台上的活动制定激励机制，把用户产生的价值以通证的形式归还用户，鼓励他们为生态的发展更加积极地创造数据。事实上，基于区块链技术和思维的网络平台正如雨后春笋般诞生：在基于区块链的社交媒体平台 Steemit 上，你可以通过发布优质原创文章而获得回报，激励自己创作更多更好的内容；基于区块链的浏览器 Brave 通过连接广告商、内容商和用户，使你在浏览资讯时也可以获得 BAT 注意力代币的奖励；基于区块链技术的新一代内容分享社区“像素蜜蜂”，通过提供数字资产的版权存证，把图片和短视频的价值归还给用户。当然互联网也有社群和生态建设，比如“小红书”通过“社区+电商”模式，深受年轻女性的欢迎；“内涵段子”通过地方社群建设，一度聚集了大量段友。与互联网社群相比，区块链社群有两个显著的不同：第一，它将用户和生态绑定，一荣俱荣、一损俱损，是一种共建关系，是一种价值投资，在这里它的关键词是共识、共享和共益；第二，区块链可以让价值无限碎片化，无论价值被拆得多细、打得多散，价值都可以被交换、被贡献以及被衡量。

区块链思维下的经济模型与传统经济模型是不一样的，它强调的是一种共同付出、共同获益的共益经济模型。传统经济模型经过了漫长岁月的验证，尽管已经被人们广泛认可及应用，但在强调个人价值的今天，这种惯常模型面临着许多问题。传统商业运作通常依赖一个可信中心组织进行背书和管理，尽管大多数人都在为这一经济体付出劳动，但他们只能收获到盈利的一小部分，或者叫薪水，这对劳动者的激励并不强烈。为什么中心组织能够随心所欲地对盈利进行分配？因为他们拥有自主管理组织运作的权力，拥有体系内数据的所有权，拥有调整成本、售价等重要商业因素的手段，中央集权的身份使中心组织成了经济寡头，其他人只能从中分一杯羹。区块链社群经济则颠覆了这种模型，人类与机器通过智能协作实现社群经济完全自治自理；社群成员也不再有等级之分，每个成员都可以参与社群管理工作；成员还可以完全拥有属于自己的数据并通过共享数据为自己创造财富。最重要的是，社群成员能够通过付出从社群发展中获益，所有对社群有益的行为都能够令社群成员获得数字通证激励，让各个社群成员成为社群经济的“股东”。借助社群这一共享经济实体，区块链经济能够拥有一个积极付出的生产团队，也能将获益公平地共享给所有成员，构建一个互惠共赢的区块链生态。

图 2-5　内容付费模式的区块链社交平台项目 Steemit 的商业模式⊖

⊖ 引自 Steemit 项目白皮书。

第三章

区块链思维的外延

随着互联网思维向区块链思维的演进，区块链将集中解决互联网时代的诸多问题，突破发展瓶颈，为其他新兴技术带来新的发展机会。区块链与互联网、金融科技、社会组织形态演进等领域的组合、交融和碰撞，更将诞生出奇妙的化学反应，在不断开辟未来数字经济发展的新赛道的同时，也扩展着区块链思维的外延。

第一节　区块链思维，让数权从君主走向民主

上文讲述了互联网与区块链思维的联系与区别。事实上，这在大数据的处理和使用场景中，得到了集中体现。

2018 年 3 月，“剑桥分析”事件将社交媒体巨头脸书推上了风口浪尖，因其泄露 5 000 多万名用户的隐私数据，并被第三方数据公司在未经用户授权的情况下用于推送政治广告，影响了美国大选、英国脱欧等重大政治事件，脸书股票几天内缩水 500

亿美元，公司面临 2 万亿美元的天价罚款，首席执行官马克·扎克伯格也两次在美国国会听证会上被“拷问”10 个小时。但此次脸书“隐私门”事件只是冰山一角，近年来，国内外互联网公司发生的信息数据安全事件不胜枚举。

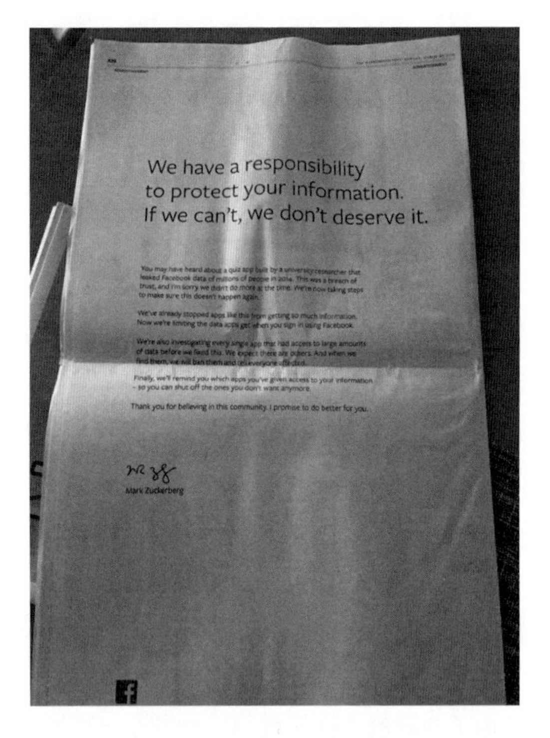

We have a responsibility
to protect your information.
If we can't, we don't deserve it.

You may have heard about a quiz app built by a university researcher that leaked Facebook data of millions of people in 2014. This was a breach of trust, and I'm sorry we didn't do more at the time. We're now taking steps to make sure this doesn't happen again.

We've already stopped apps like this from getting so much information. Now we're limiting the data apps get when you sign in using Facebook.

We're also investigating every single app that had access to large amounts of data before we fixed this. We expect there are others. And when we find them, we will ban them and tell everyone affected.

Finally, we'll remind you which apps you've given access to your information – so you can shut off the ones you don't want anymore.

Thank you for believing in this community. I promise to do better for you.

Mark Zuckerberg

图 3-1　马克·扎克伯格在九家英美主流报纸上整版刊登道歉信[⊖]

大数据思维是一种重要的互联网思维。在互联网时代，人和物的一切状态、行为和关系都能被量化、被数据化，并在数据空间被记录、分析并产生附加价值，数据资产已成为企业的

⊖ 引自：http://k.sina.com.cn/article_1887344341_707e96d5020007ef3.html.

核心竞争力，被视为巨大的“数据金矿”，数据战略已上升为企业的核心战略。互联网公司本质上就是数据公司，通过全程捕捉和分析用户的数据信息，让每个人在互联网上都是可以被追踪、被分类、被连接的。但是，“数据金矿”也是一把双刃剑。脸书的伟大之处也是其可怕之处，将现实环境中的人际交往搬迁到了互联网上；谷歌的伟大之处也是其可怕之处，为每个人建立了打开隐私之门的数据接口。虽然互联网企业有责任保护用户的数据和隐私，人们依然会不禁发问：我们的隐私真的是隐私吗？在一次次被垃圾短信骚扰、被大平台“杀熟”后，人们不禁怀疑每个人是不是在互联网的世界里“裸奔”。

互联网将人们的现实生活一一呈现在虚拟世界里，五光十色的网络中传播着不计其数的信息，可在这些海量的数据当中究竟又有多少是真正有价值的、可信的？网络诈骗、谣言等各种虚假信息充斥着互联网，大大增加了人们获取准确信息、真实信息的成本，最终失信的互联网又会连锁产生一个失信的社会。信任感崩塌，又谈何发展？

尽管互联网以技术手段消除了信息的不对称，但也造就了新的数据高塔——即互联网巨头。推持联合创始人埃文·威廉姆斯（Evan Williams）也发出过同样的反思：“原来的互联网能让信息更自由地分享给人类，但如今的互联网环境正在变成一座座越来越封闭的‘数据高塔’。我们看到的内容都是别人创造的，巨型互联网公司成为超级枢纽和信任中介，控制着内容和个体行为数据，并将其变现为自己的收入。”在这样的互联网运行模式中，个体对于自身数据隐私和内容贡献的控制已理所当然地成了一种“特权”，甚至是“奢望”。类似脸书“隐私门”事件，一次又一次启示了我们，想要保护个体数据隐私，维护互联网世界公平公正，仅仅依赖互联网巨头们的自觉和自律是远远不够的，数权必须回归个体，价值交易的商业范式必须改变。

而区块链正在潜移默化地改变着互联网传统的大数据思维。引领互联网世界的一次革命。

美团大众点评公司（以下简称：美团点评）高级副总裁王慧文曾表示："区块链转移了中国互联网的主要矛盾——从巨头公司与创业公司的矛盾，转变为传统互联网与区块链之间的矛盾"。实际上，区块链在撕裂传统互联网的同时，暴露并放大了互联网 2.0 时代一直存在的主要矛盾，并提出了一种有效的新思路来解决这一矛盾。而这个矛盾就是"信息价值可信交互，同数据隐私个体自主掌控"之间的矛盾。

如果说互联网 2.0 是基于服务共享的平台经济，那么基于区块链的互联网 3.0 就是基于价值共享的个人经济。个人用户将重回主体角色，在未来的互联网 3.0 中，医疗数据、轨迹数据、运动数据、社交数据、金融数据等都应该归权于个人，个人再与商业机构就数据的开发利用达成契约、授权使用并获得报酬，由个人自主决定如何使用所拥有的数据。此外，区块链打造的是高效、安全、透明的价值网络，在共识、诚信的基础上，数据将得到十足的可信度，信任成本降低；而互联网上传递的数据所承载的内容也将被极大地扩充到商品、服务、协议、权益等价值客体范围，传统价值传递模式将被彻底颠覆。

可以说，区块链技术为价值互联网时代构建了一台低信任成本的价值流转机器。在区块链思维模式下，各方有着坚实的信任基础，民主自治、互信互利，价值被透明共识地量化、存储并流通，大大颠覆了过去的生产关系，扭转买卖方的主被动方向，让互联网真正从“法无禁止即可为”走向“数无授权不可用”。

所以在“隐私门”后，脸书也逐渐看清了传统的互联网盈利模式和大数据思维的问题，开始从技术架构与商业模式上重新调整其消息传递基础设施，积极地进行转型与自我革新，推出 Libra 天秤座项目，从传递信息的互联网社交平台变成传递价值的区块链金融网络。

第二节　区块链思维，一种共益的经济模型

人类社会已经深刻地认识到：每一次产业技术革命都会带来经济和社会生产力的飞跃。

目前，人类发展已经经历了农业时代和工业时代，正处在数字时代。

图 3-2　人类演进[⊖]

⊖ 引自：翁律纲. 由交互行为引导的用户体验研究，2009。

在农业时代，土地是最重要的生产要素，通过在土地上付出劳动，人类从野蛮时代的采集狩猎走向文明社会的栽种畜养，人类作为一个群体的生存能力大大提升。正如著名经济学家威廉·配第所说："土地为财富之母，而劳动则为财富之父和能动的要素。"因此，土地和劳动是农业经济模型中的核心，土地的所有权和其使用权是合并的，因此没有金融和资本的力量，也不存在任何泡沫。

图 3-3 英国工业革命时期的工厂[㊀]

人类进入工业时代是在 18 世纪 60 年代，爆发了以"机械化"为特征的第一次工业革命，大规模工业化生产解放了手工作业，物质资本取代土地成了第一生产要素。进入 19 世纪下半叶，以"电气化"为特征的第二次工业革命，进一步推动了社会化大生产的发展，规模经济开始显现，开放市场逐渐形成，股份制改造后的公司让所有权和经营权分离，资本的作用也进

㊀ 游戏《刺客信条：枭雄》场景截图，完美展现工业革命时期的英国。

一步强化。因此，垄断逐渐成为工业经济模型的重要特征，尤其是对市场的垄断和对信息的垄断。

随着以云计算、移动互联网、人工智能、区块链等技术为代表的新一轮科技革命席卷全球，知识和信息正在以前所未有的广度和深度与经济社会交汇融合，数字革命促进了人类在数字空间的崭新发展。工业时代的经济可以说是一种稀缺经济学，因为工业化是围绕产品的，实物产品的边际成本并没有消失，比如汽车厂生产 1 万辆汽车，就需要 1 万辆汽车的成本；而信息数字时代的经济是一种丰饶经济学，尤其是基于互联网的信息传播与互动的边际成本趋于零。比如互联网门户制作一则深度评论的成本是 1 万元，如果有 1 万个人浏览，那么摊到每个人身上成本是 1 元；如果有 1 亿人浏览，那么摊到每个人身上的成本几乎可忽略不计。但是突然你会发现，面对这 1 亿受众，无论做增值服务还是广告，每个人给你贡献的收入早已超过了他们分摊的成本。又比如，用户或消费者在互联网平台上进行内容创造，会吸引同是用户或消费者的人们进行浏览，因为有了一定用户或消费者的参与，就会有更多的用户和消费者来浏览大家的动态或者评价。我们去吃一顿美食，商家本身的广告已并不重要，大众点评上的推荐评价才更重要；我们去一个地方旅游，景点的广告已经不那么重要，马蜂窝上的驴友游记才更重要。

正是因为互联网思维背后是一种丰饶经济学，所以人们看到的互联网轮回模式大多是烧钱补贴、发展用户、吸引流量、转化变现、提高估值、一轮轮融资、再烧钱补贴发展用户，这里的关键词是：流量、日活、转化率。与之不同的是，区块链思维背后蕴含的经济学，更多的是一种基于价值共识的共益经济学，其本质是用金融逻辑赋能个体力量，通过价值共识形成社群生态竞争力，区块链社群和生态的建设会让参与者都受益，而群体智慧又会让社群和生态朝着更成功的方向发展，共同抓住时代赋予的机会，这里的关键词是：共识、共享、共益。

下面通过一个例子来展示互联网思维的丰饶经济学与区块链思维的公益经济学，二者的差异。

一个非常典型的互联网思维产品：在线民宿租赁交易平台爱彼迎（Airbnb），它为买卖双方提供民宿租赁信息、房屋评价信息、用户信息，促进民宿交易，用户覆盖全世界大部分地区。买卖双方都可以参与评价，评价的内容对交易有着至关重要的影响。通过租金分成、服务费等形式，Airbnb 在互联网时代大获成功。在它成功的背后，Airbnb 的 top100 高价值用户通过分享评价信息等方式为其贡献颇多，但他们却并不能够分享到这个互联网产品发展所带来的巨大红利。

在区块链驱动的 Web3.0 时代，有一个与之对应的区块链思维产品：驿家（Cozystay）。同样是在线民宿租赁交易平台，与 Airbnb 的模式不同，Cozystay 的 top100 高价值用户，可以分享整个产品的收益。事实上，在这里，每一个用户都可以通过分享评价信息、照片、参与评分等方式获得平台的分成。分成激励了用户提供高价值的信息，高价值的信息又进一步促进了平台的发展壮大。

这就是我们所阐述的，在区块链思维下，公益经济学的一个生动体现。

人们今天所处的时代，是一个对于经济制度的争论已经消失的世界。在这样的时代环境里，经济学比其他任何一门学科都更要承担领导者的责任。经济学，在今天不仅仅负责解释物质和金钱的流转，也不限于研究和阐述市场制度的设计。经济学的内涵，已经开始触及社会发展动力、社会精神和社会思维演进逻辑。

经过长久的发展，今天的经济学制度面临的一个重要问题，即“经济发展不平等”的加剧。这种不平等包含富裕国家内部日趋严重的不平等，也包含世界各个国家地区之间发展的不平等。生态学家贾雷德·戴蒙德（Jared Diamond）对于世界经济体的发展规律提出过一个有建设性的观点：造成世界不平等的重要因素之一是动植物物种的历史禀赋以及技术进步，最早学会耕种作物的文化也是最早学会使用犁的文化，从而最早采用其他新技术。新技术和新技术思维的应用，是每一个成功经济的发动机。

互联网技术和思维的诞生，解决了信息传播的不平等问题，让信息获取的成本变得低廉。但同时，互联网技术发展至今，也造就了新的不平等问题。科技巨头们从用户的行为中大量收集数据，用于智能算法的训练，却引发了数据权益的不平等。而区块链思维提倡将数据看作一种劳动成果，将数据生产的过程本身视为一种工作，互联网巨头需要与用户达成共识、按照劳动成果给予用户相应的报酬。在这样的“公益”主旨下，所有用户都有资格成为推动数字经济时代运转的“供应商”，而不仅仅是获取服务的被动消费者。让互联网产业飞速发展的红利可以更公平地分配到每一位参与者身上。

经济学的十大原理之一：人们会对激励做出反应。

那么，当区块链思维驱动的公益经济学制度，拓展了激励的边界，提升了激励的公平、平等性后，必定还会进一步刺激技术进步和经济增长。

第三节 区块链思维，让金融更高效、让财富更自由

回溯半个多世纪以来金融行业的发展历史，每一次技术与商业模式升级，都依赖科技赋能与思维变革的强力支撑。结合艾瑞咨询 2018 年发布的《2018 年中国人工智能+金融行业研究报告》，按照不同时期的代表性技术与核心思维特点划分，我们可以把金融行业的发展阶段分为“IT+金融阶段”、“互联网+金融阶段”和正在经历的“Fintech 阶段”，以及未来的“Fintech+DeFi 融合阶段”。

FinTech 金融科技，可以理解为“人工智能+金融”，最早是通过机器学习和人工智能技术，根据用户的历史消费记录和交易数据，计算不同用户的信用水平，然后推出不同的金融服务，比如蚂蚁金服的支付宝和支付宝社群下面的花呗、蚂蚁森林等一系列金融产品。2020 年年初，支付宝再次改版，一路走来，它从一个普通的电子钱包向着“支付生活圈”的梦想无限靠近。这背后，并非单纯逐利目标的驱动，更多是依靠于“以新技术新思维颠覆金融生活”的战略性眼光。凭借成熟的互联网思维以及发展迅猛的人工智能、云计算等新兴技术，支付宝的多个

产品，已经改变了 Fintech 阶段人们的金融习惯。

随着互联网思维向区块链思维的过渡，支付宝也在积极探索新的金融服务模式。

2018 年 10 月 16 日，蚂蚁金融服务集团（以下简称：蚂蚁金服）与信美人寿相互保险社（以下简称：信美人寿）联合推出“相互保”产品，后更名为“相互宝”，通过相互救济实现大病保障的低门槛。该保险产品规定芝麻分 650 分及以上的蚂蚁会员（60 岁以下）只要每月支付一定金额，就可以享受覆盖 100 种大病的 30 万元保障金。该产品上线仅 3 天，参加人数就达到了 330 万人，10 天突破千万，41 天突破 2 000 万，且据统计有 62.5%的调查者之前并没有购买过商业保险。

保险的本质就是互助，现代保险产品与相互保险的区别在于现代保险产品是基于精算假设，被保人向保险公司先行缴纳保费；而相互保险的费用则是根据每期赔付案例进行分摊，有则收取、无则不收。现代保险产品是基于保险公司作为第三方的信任机构进行运作，包括盈利、人工、佣金、营销等运营成本；而相互保险是基于一种互相承诺保障，一旦有人遇到困难，大家费用平摊，并收取 10%的管理费。在“相互宝”中，被保人和受益人是同一个人，管理团队和陪审团充当保险公司的角色，按月对理赔案件进行公示。

诚然，“相互宝”对不同年龄段的参与者或许难以做到绝对公平，因为不同年龄段发生重疾的概率是不同的；而信美人寿也因为产品调整费率、传播误导信息等原因被监管部门约谈和行政处罚。

这里要强调的是蕴含在“相互宝”背后的区块链思维和去中心化商业逻辑。正是这种区块链社群共益、透明的思维，让“相互宝”形成一个互助的自组织，平时分摊费用、需要时得到保障，让全员有动力参与构建保险生态，真正做到人人为我、我为人人。互联网+区块链有效解决了陌生人之间的信任问题，随着越多人的加入，这个保险生态越有价值，保险产品本身也会在保障更高的同时而费用更低。这也是互联网+区块链加持下的分布式商业逻辑：让沟通效率不断提高、让交易成本不断降低。

图 3-4　蚂蚁金服相互宝[㊀]

㊀ 2020 年“相互保”升级为“相互宝”。

可以说，相互宝正是在“Fintech 阶段”向“Fintech+DeFi 融合阶段”这一过渡时期，出现的一个典型的区块链思维金融产品。

那么，DeFi 究竟应该如何定义？

与 FinTech 相比，分布式金融 DeFi 是另外一个平行的世界，它也被称为开放金融（Open Finance），旨在让世界上任何角落的任何人都可随时随地开展金融活动。与现有金融系统中，金融服务主要由中央系统控制调节不同，DeFi 旨在利用开源软件和分布式网络，将传统金融产品变为无须信任中介的协议，金融协议由智能合约仲裁和按计划执行，同时用户完全控制个人财富与数据，不但给用户提供了前所未有的透明度，而且有效消除了各类交易对手风险。2018 年 8 月，Dharma Labs 的联合创始人和首席运营官布伦丹・福斯特（Brendan Forster）满怀去中心化金融会成为未来主流的信念，首次在“Announcing De.Fi，A Community for Decentralized Financial Platforms”一文中提出了 DeFi 的概念。同时，他提及 DeFi 项目需要满足以下四个特点：

1. 须构建在去中心化公链上面；
2. 是一种金融类应用；
3. 代码开源；
4. 具备完整的开发者平台。

如果说传统金融是 20%的客户创造了 80%的利润，而 80%的中小企业和普通消费者的金融需求被忽略的话，那么把科技融入金融的 FinTech，则在一定程度上打破了这个“二八定律”，其目标是实现普惠金融。DeFi 则在此基础上更进一步，不但增强了普惠金融的信任度，而且以通证的形式把价值打散为“十的负九次方”，让金融的力量更好地赋能个体。例如比特币（BTC）的最小记账单位 satoshi，1 satoshi=10^{-8} BTC=0.000 000 01 BTC；以太坊 ETH 的最小记账单位是 wei，1wei=10^{-18}ETH=0.000 000 000 000 000 001ETH。

2019 年开始，DeFi 成了区块链领域的热门话题，被认为是一场“新金融革命运动”。在 DeFi 的世界里，没有人需要依赖中心化的银行或者特定的第三方来与另一方互动，用户可以 24 小时地使用金融服务，结算过程也十分快捷。事实上，比特币本身也可以被看作为一个最早的、简单的 DeFi 项目，比特币持有者其实已经扮演了一个私有银行的角色，通过控制自己的私钥，可以在任何地点自由、便捷地交换价值。

我们可以通过一个例子了解 DeFi 项目。假设一对夫妇计划贷款购买一套房子，在传统金融服务模式下，他们需要去银行提交贷款申请。银行需要花费一定时间来审查申请人的信用情况，并且通常还需要申请人提交其他资产抵押，才能同意为他们贷款。而在去中心化的 DeFi 类“银行”中，整个贷款流程将被大大简化。首先，基于区块链系统的匿名特点，这个 DeFi 服务网络甚至不需要知道申请人是谁，也不需要对其做信用审查。它将仅要求这对夫妇提供相应的数字货币资产作为抵押。通过智能合约完成抵押后，申请人就可以借贷到所需金额的数字货币，将其兑换为法币后，就可以在生活中正常使用。过段时间后，这对夫妇资金充裕了，也可以再在市场上买回数字货币，到为其提供 DeFi 服务的网络中还款并支付一定利息，赎回之前抵押的数字资产。当然，一种常见的可能是，在借贷的过程中，之前抵押的数字资产因为市场波动价值缩水，DeFi 服务网络也会选择强制卖出这一资产，保护其自身不会破产。与传统金融相比，DeFi 有一些显著的优势：

（1）任何拥有互联网连接和智能手机的用户，都可以无差别地享受 DeFi 带来的金融服务。而且跨境支付的金融服务不会因网络中断。

（2）用户可以从所拥有的数字资产中创建抵押品，同时，也可以借用这些资产。资产将通过区块链被所有参与者确认。在金融抵押活动中，抵押资产是有立即失效的可能的。但 DeFi 服务网络改写了金融抵押的剧本，它可以快速、低成本地对区块链数字资产的有效性进行认证。这也意味着，在 DeFi 服务网络中，用户可以更快地获得这些资产对应的股权。

（3）用户所签订的所有质押贷款合同都是完全透明的，事实上，它们都将以脚本代码的形式存储，完全公开。

目前分布式金融 DeFi 生态系统正在蓬勃发展，根据 GitHub 上的一份调查（https://github.com/ong/awesome-decentralized-finance），DeFi 分布式金融包括了支付、基础设施、身份认证、稳定币、交易所和流动性、预测市场、借贷市场、衍生品、保险、投资、钱包和托管等十多个方面。例如去中心化银行 Maker

DAO，通过抵押区块链资产发放稳定币 Dai。根据 Digital Assets Data 的数据显示，截至 2020 年 1 月下旬，已经有近 250 万个以太坊抵押在上面（约占以太坊总供应量的 2.2%），约 4 亿美元价值的抵押资产锁定在 MakerDAO 协议稳定性系统中。又如去中心化交易所 DX Exchange 使用纳斯达克的金融信息交换（FIX）协议，希望未来允许用户分布式地交换代币化美国股票。分布式金融 DeFi 致力于资产的通证化演进，其范围覆盖包括证券、股票、房产等在内的一切有价资产。通证化后的资产将可以更为自由灵活地以任意颗粒度在全球开放市场进行交易。虽然目前 DeFi 较之 FinTech 的体量还不可同日而语，但是去中心化金融服务的未来市场值得期待，我们相信大部分金融资产和服务也将逐渐智能合约化。

在 DeFi 项目火热发展的同时，争议也一直存在。有人质疑 DeFi 项目并不是真正的“去中心化”，而只是“分权化”。如何判断一个 DeFi 项目是否真正实现了“去中心化”呢？下面这个原则也许是评定的关键依据：

“如果原始应用程序构建组织离开、解散甚至关闭了他们所维护的基础架构，那么系统依然能够工作？”

从这个标准上看，很多早期的 DeFi 项目也许仅仅是名不副实，但随着人们在区块链上创建、交易、质押数字资产的商业模式的发展创新，相信我们会看到更多富有潜力的、真正的 DeFi 项目，颠覆我们的金融生活。

DeFi，是否会引领全球金融的未来十年？

	BTC	ETH	EOS	Stellar	其他
去中心化交易协议	• Bisq	• Ox • Bancor • DutchX • Hydro • Kyber • Loopring • Ren • AirSwap • Uniswap		• StellarX • Interstellar • Stellarport • Stellarterm	• BitShares
稳定币	• Tether	• CENTRE USDC • Gemini Dollarr • Paxos • TrueUSD • DGX • Maker • Synthetix • WBTC • Ampleforth • Carbon • Terra		• AnchorUSD • Stronghold • White Standard	• Celo
借贷协议		• Compound • Dharma • Ethlend • Lendroid • Marble • Ripio	• EOSREX		
衍生品		• Augur • bZx • CDx • Daxia • dYdX • Gnosis • Market • UMA • Veil			
捆绑协议		• Basket Protocol • BSKT • Set			
代币化协议		• ERC-1404 • Harbor/R-Token • Polymath/ST-20 • Abacus		• Stellar	
基金协议		• Fund Protocol • Melonport			
KYC AML 身份验证		• Bloom • Project Hydro • SelfKey • Wyre			
应用工具		• AMP • Bloqboard • Fetch • InstaDApp • Multis • Settle • Zerion			
预测分析		• OxTracker • CuriousGiraffe • DEX Terminal • ETH in DeFi • Loanscan • MakerScan • MKR Tools • Uniswap ETH • Predictions Global			• Defi Pulse • Stablecoin Index • Stable Report
其他		• 8x Protocol • AZTEC Protocol • Centrifuge • Groundhog			
社群					• DeFi Reddit • DeFi Telegram

图 3-5　DeFi 项目分类[⊖]

⊖ 引自：https://www.8btc.com/article/428005.

第四节　区块链思维，激发千姿百态的数字资产

2019 年在科技界具有历史性、世界性意义的大事莫过于脸书发布的 Libra 项目了，同时也是自 2009 年比特币主网启动之后加密数字货币领域最重大的事件。这个互联网巨头在 2018 年收入近 400 亿美元，净利润高达 250 亿美元，市值超过 5 000 亿美元，怎么会放弃传统业务而冒风险进行区块链转型呢？这与用户数权意识觉醒以及欧美陆续出台的用户数据保护新规不无关系，也让传统互联网的商业模式面临着根本性的威胁。

其实，在数字经济时代发展中，数字货币之争已经逐渐走到历史舞台中央。政府、互联网巨头、金融科技企业都已粉墨登场。面对世界范围内的数字货币革命，美国对于数字货币的态度几经转变。相比我国的支付宝、微信支付一夜间覆盖大街小巷，美国的支付体系发展得有些迟缓且保守。但美国对于数字货币的关注，绝不是从 Libra 项目起才刚刚开始的。早在 2014 年年底，美联储曾发布过一份改善支付系统的白皮书，其中提到要研究一种加密货币 Fedcoin，但随后，该计划被搁浅。由于担心美元地位遭受威胁，美国政府对于数字货币的态度从积极转变为观望。

然而，脸书 Libra 项目的推出打破了这一平静。

正如 Libra 项目白皮书中所描述的：目前全球仍有 17 亿成

年人未接触到金融系统，无法享受传统银行提供的金融服务，而这其中有 10 亿人拥有手机，近 5 亿人可以上网，所以 Libra 的愿景是建立一个简单无国界的货币体系和为数十亿人服务的金融基础设施。而 Libra 项目选择区块链加密数字货币作为突破口，其更高的战略用意则是能够在不侵犯用户隐私的情况下，让脸书进入规模巨大、利润丰厚的互联网金融、跨境支付体系。我们不妨做个大胆的估算，如果 Libra 未来可能承载 50～80 万亿美元的互联网金融交易量，每笔交易收取 2‰的手续费，那么脸书每年至少可以获得 1 000 亿美元的手续费，这已经超过了当前全年的营收；跨境支付每年有 125 万亿美元的市场，如果再加上债券，每天在全球范围内有超过 6 万亿美元的资金在流动，比起现在超过 5%的手续费和服务费，Libra 就算只收取 1%也会非常可观。凭借其 27 亿月活用户覆盖面，以及在世界不同地域、不同语言、不同宗教上的多元化穿透力，Libra 将打造出超过一个国家 GDP 的数字经济帝国，开展全球支付金融业务，并在此基础上建立繁荣的电商、游戏、服务等数字经济生态，并让每个生态都拥有自己的二级数字货币，不排除脸书会成为数字货币领域的中央银行，甚至替代弱势的主权货币。

抛开其金融和货币属性，Libra 可谓是包含“区块链思维”的一个项目，其“区块链特点”体现在以下三个方面：第一，技术层面，建立安全、可扩展和可靠的区块链，通过互联网传递价值，其中 Move 智能合约针对数字资产管理，既吸收了以太坊智能合约的优势，又解决了其各种安全问题；基于随机拜占庭容错的 LibraBFT 共识协议有利于提升效率并降低复杂度；

第二，金融层面，以赋予其内在价值的资产储备作为后盾，锚定美元、欧元、日元等一篮子主权货币，包括政府债券；第三，组织层面，由来自各地区、各行业的 100 个合作伙伴组成联盟运行，按照一定的规则在节点间分配治理权和收益；它的管理核心不是美联储，而是独立的 Libra 协会，协会的创始成员包括大型互联网公司、银行卡清算组织、支付机构、电信公司、投资机构、多边组织、学术机构、非营利组织等。多边式管理以及锚定发达国家的法币，使得 Libra 的可信度显著提升。从二战后布雷顿森林体系的诞生开始，美元在世界货币体系占据霸权地位已久，如果 Libra 等数字货币可以实现更为便捷的跨境资金转移，就有可能成为美元的替代选择。因此，毫无意外地，Libra 遭到了美国政府的敌视。国会连续召开听证会，要求扎克伯格对 Libra 的隐私安全性、对政府金融系统稳定的影响等一系列问题给出详细回答。

虽然 Libra 的最终实施注定不会一蹴而就，与现存体系的博弈也将是曲折漫长的，且有 PayPal、Visa、MasterCard 等部分创始会员相继退出了 Libra 联盟，并有一些成员转而加入了加密金融平台 Celo。但是作为比特币和区块链十年成长的重要突破，脸书的 Libra 项目基于区块链思维的做法，已经对全球的科技、金融、资本和经济格局产生了深刻的影响。

再来分析其金融与货币属性，Libra 项目的推出意味着一场无硝烟的新型货币战争已然开启。如果说传统货币战争的核心是汇率和利息，那么新型数字货币的核心竞争力则体现在协议规则、流通范围、流通速度等综合方面。脸书作为世界最大的社交媒体，如果 Libra 得到广泛使用，将成为全球流动最多、最广的货币之一，将对全球金融体系带来深远的影响，其背后的美元霸权地位也会更加强大。这必然会引起世界各国央行的集体反对，欧洲数据保护委员会对脸书可能会泄露用户隐私表示担忧，法国财政部长表示 Libra 不具备成为主权货币的能力，英国央行表示 Libra 将面临 G7 国集团的监管和审查，甚至要求 Libra 受英国央行实时金额支付系统 RTGS（Real Time Gross Settlement）的监管。事实上，数字货币作为国家货币政策工具这一概念最早正是由英国央行提出的，且英镑和数字英镑适用于不同的货币政策。比如英镑涉及零利率下限，至少必须是正利息；但数字英镑可以是负利率，这样反而对经济刺激作用更大。英国央行前行长卡尼在他的辞职演说中，旗帜鲜明地提出“新经济需要有不同的央行”。2019 年 6 月 5 日，由来自瑞士、加拿大、美国、英国、日本、西班牙等国家地区的 14 家银行联合推出用于结算的稳定币（Utility Settlement Coins），在跨境支付市场联合作战。瑞典央行已经启动电子克朗（e-krona）数字货币的测试，有望成为世界上第一个发行央行数字货币（CBDC，Central Bank Digital Currency）的国家，此外还有泰国央行的数字货币项目 Inthanon，欧元稳定币项目 EURS，伊朗央行的 PayMon 等。央行数字货币作为央行发行的法定货币，一方面承担了货币的基本属性：价值尺度、流通手段、贮藏手段，另一方面也带来了如下的优势：第一，更灵活的政策宽度，比如在通货紧缩情况下通过执行负利率促进消费；第二，减少现金纸钞的供应成本，据不完全统计，现金的发行和管理成本占欧元区 GDP 的 0.5%；第三，进一步增加金融普惠性，尤其对于金融基础设施落后的农村和偏远地区；第四，提供比当前跨境交易更加便捷的支付手段和更低廉的服务费用。

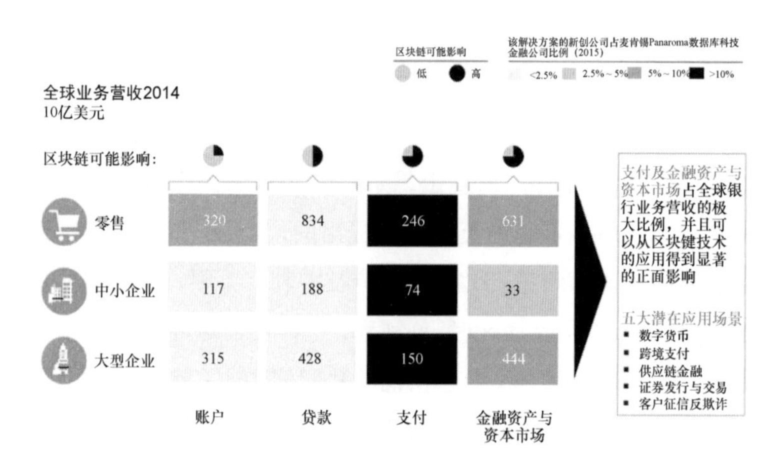

图 3-6　区块链影响范围[⊖]

再来分析我国数字货币的发展情况。

中国人民银行在 2014 年成立了法定数字货币研究小组。我国的央行数字货币简称为 DC/EP（Digital Currency/Electronic Payment），是由央行计划发行的法定货币，属于数字货币的一种，由央行进行信用担保，具有无限法偿性，是现有人民币货币体系的有效补充。到 2020 年年初，央行发文表示，DC/EP 已经基本完成了顶层设计、标准制定、功能研发、联调测试等工作，拟在苏州、深圳先行选择试点验证的场景和服务范围。我

⊖ 引自：麦肯锡报告《区块链——银行业游戏规则的颠覆者》。

国的 DC/EP 具有以下四个特征：

（1）部分 M0 替换：与当前微信和支付宝的应用领域不同，DC/EP 既保持现钞的属性和主要特征，也满足便携和匿名的需求，具有无限法偿性。简单来说就是不同于有的商家支持支付宝、有的支持微信，任何商家都不能拒绝使用 DC/EP；

（2）与账户松耦合：与现有银行卡转账、微信、支付宝电子支付不同，DC/EP 无须通过银行账户就能实现价值转移，有利于人民币的流通和国际化。且 DC/EP 支持双离线支付，即使手机在停机、没有网络的情况下，也可以完成匿名支付。与比特币等加密数字货币不同，央行有权在合法范围内获知交易数据，实现可控匿名，在保护数据安全和公民隐私的同时，也使得洗钱等不法行为可以得到有效监管；

（3）二层运营体系：采用央行—商业银行的二元体系，商业机构向央行全额、100%缴纳准备金，不超发，不影响现有货币政策传导机制，最小化 DC/EP 对金融业的影响；

（4）技术路线中立：不预设技术路线，但为了满足小额零售等高频场景，需要至少达到 30 万笔/秒的要求。

DC/EP 的最大意义在于，它不是现有货币的数字化，不需要绑定银行卡或者银行账户，本质上相当于一个“国际化的电子现金钱包”。它的发行将有利于人民币的流通和国际化。

看到 DC/EP 正在以令人惊奇的中国速度进入落地阶段，美联储也再次转变对数字货币的态度。2020 年 2 月，美联储主席鲍威尔表示，已经在努力开展央行数字货币的相关工作，甚至对脸书 Libra 的推出首次给出肯定和赞赏，认为其点燃了数字货币的“星星之火”。从根本上看，美联储是希望借 Libra 来对抗 DC/EP 的发布。从技术准备、发行准备上来看，Libra 的成熟度不会落后 DC/EP 太多，二者足够在数字货币上形成对抗态势。与美元相比，Libra 的可怕之处在于它构建了一个独立的全球数字经济体，发明了一种超主权的全新货币，从而为全球其他主权货币带来威胁。它的广泛使用，将削弱各国央行货币政策和汇率政策的主导权。对小国家而言，如果其本国货币不是国际化货币，而且本国货币近年通货膨胀严重，或者政治动荡人心惶惶（例如津巴布韦的情况），那么该国公民将更愿意购买 Libra 这类更稳定、更值得信任的数字货币来避险。时间一长，本国货币将不再被接受，该国央行和货币体系将受到毁灭性打击。2020 年 4 月 17 日，脸书发布 Libra 白皮书 2.0，宣布将提供锚定单一法币的稳定币。同时，在保持其主要经济特性的同时，放弃向无许可公有链系统的过渡计划。可以看到，经过美联储及政府的强力施压，Libra 已逐渐妥协，从锚定一篮子货币转为锚定美元，从而成为美元的稳定币。这一改变将限制 Libra 对现有支付系统的影响力，使其成为进一步助力美元霸权地位的工具，因此，也将驱动人民币进一步寻求国际化。

在“一带一路”的进程中，我国也可以通过贸易开拓我们的 DC/EP 数字货币体系，拓展国际盟友。一些政局不稳定、经济落后、支付体系不完善甚至没有银行的亚非拉国家通常人口密集且贸易需求很大。这些国家的民众，只需要一部联网的手机终端，就可以通过低门槛的 DC/EP 账户，使用人民币来进行交易，享受金融服务。我们知道，目前国际贸易高度依赖于美国主导的 SWIFT 和 CIPS 系统，而基于区块链的数字货币将重塑全球支付体系。未来，DC/EP 也许可以助力中国版的 CIPS 系统，实现基于数字货币的全球清算结算。

回顾历史，一场场没有硝烟的货币战争让人触目惊心。19 世纪，从梅耶拿下法兰克福的金融控制权开始，大名鼎鼎的罗斯柴尔德家族就迅速如法炮制地控制了德国、奥地利、英国、意大利等欧洲主要工业国家的货币发行权。自 1941 年私有制的美联储成立以来，每次发生世界大战、政治动荡以及经济危机，都让美国银行家赚得盆满钵满。从大量资金流入日本股市和楼市，到虚假繁荣后的经济崩盘，日本经济被“成功狙击”，造成了之后几十年的一蹶不振。正如我们在初中历史课上学到的，世界格局将长期处于一超多强的格局下。任何国家和地区想要继续上位都会遭受强大阻力。当下，美元霸权已经出现裂痕，法定数字货币将促进更加高效的交易活动，带来更加广泛的流通范围，而且成本更低、更易监管。数字法币很可能在线上空间掀起一场新型的货币战争。展望未来，区块链数字货币必将进一步带动数字资产时代的加速到来，包括数字股票、数字房地产等，全球股权资产规模约为 80 万亿美元，债务资产规模约为 100 万亿美元，房地产市场规模约为 230 万亿美元，大量股票、债券、货币、商品等传统金融资产上链完成数字化确权和代币化，并广泛流通。这必将开启人类历史的新时代。

第五节　区块链思维，提供分布式治理体系和治理能力

2019年10月，党的十九届四中全会提出了“坚持和完善中国特色社会主义制度、推进国家治理体系和治理能力现代化”的总体目标。国家治理体系和治理能力现代化是继农业、工业、科技和国防四个现代化后的“第五个现代化”，区块链的分布式、透明性、可追溯等特征，有利于促进社会治理结构的扁平化、社会治理过程的透明化。

“分布式中心”这一宽泛的概念在不同领域中，有着不同的内涵释义。比如，在技术领域，“分布式中心”指将具体数据、资源、功能从由一个中心化角色掌控到重新分散到各个节点协作控制的过程。而在社会科学领域，“分布式中心”则有更多的表现形式。美国威斯康星大学的社会学教授 Svend Riemer 认为，“去中心化”在社会科学领域有三项内涵：第一，是指城市发展类型和城市规划模式上的去中心化；第二，是指社会管理方式上的去中心化；第三，是指在社会组织高度集中时代的民主进程。

事实上，社会科学领域的“分布式中心”进程，不管对以上哪个层面来说，都不是一个新产物。

关于城市发展规划层面的“分布式中心”，德国已有很好的实践。通过“去中心化”模式，削弱大城市病的现象，按照行

政机构、社会公共资源、服务及产品平等分布的原则，促进城乡平衡发展，实现经济社会和环境的稳定。从规划角度来看，虽然德国的城镇化率达到90%，但总体上城市分布呈现规模小、数量多的特征。德国的主要城市多达36个，但城市人口在百万以上的仅有4个，其余各城市人口分布均衡（德国最大的城市柏林人口约340万，第二大港口城市汉堡约有180万人）。绝大多数城市都属于中小型城市，人口稀疏，住宅区和商业区分布合理。不仅仅在人口方面，德国的行政机构、公共资源也实现了城乡间的平衡分布。德国在战后，将以农业为主要产业的、较为落后的地区发展为经济发达的城镇，所使用的方法不是"将人口、资源输入中心城市的"集中"模式，而是使城乡共同均衡发展的"去中心化"模式。不同地区之间的医疗、教育、商业、行政资源都呈现平等分布，防止地区隔离和城乡差异的出现。德国的去中心化社会特征的形成，是通过一系列立法中的平等分布原则、深入人心的城市规划均衡理念来实现的。"追求区域平衡发展"以及多领域资源平等分布的具体措施甚至被写入了德国宪法中。

关于去中心化在社会组织制度方面的探索，可以追溯到约公元前500年左右。当时，在古希腊流行着一种奇特的政治制度，叫作"陶片放逐法"（Ostracism），是由雅典政治家克里斯提尼（Cleisthenes）提出创立的。每年古希腊的城邦公民都会在雅典的阿哥拉，使用陶片投票的方式表决摆脱并放逐那些企图威胁雅典民主制度的人士。投票的公民在陶罐碎片的平坦处，刻上自己认为应该被放逐者的名字，不管这个人是具有社会名望的政治家、爱国建业的大将军还是富甲一方的大商人，只要超过 6 000 个人在陶片上写了他的名字，那么很遗憾，这个人将面临最长期限为 10 年的驱逐出境，且无权为自己辩护。虽然民主并非简单的多数主宰一切，陶片放逐制也存在一定的局限性，但在当时，陶片放逐制的设立确实有效应对了政治上掌握大权而意图恢复僭主政治的雅典政客，据说第一个遭放逐的即为前雅典僭主庇西特拉图的亲戚希帕科斯。这也是区块链思想应用于社会治理的最初雏形。就连现阶段，在很多国家进行一些公共事务的决策时，投票仍然是常见方法，为每个人提供着平等的机会。

投票本身就是一种去中心化的治理过程，投票的思想在区块链中随处可见。比如联盟区块链中常用的实用拜占庭共识算法 PBFT（Practical Byzantine Fault Tolerance），其核心就是解决分布式系统中经典的拜占庭将军问题：各国的将军们要采用什么样的方式确保自己发出的战报没有被篡改，并且自己收到别国将军的战报也没有被作恶分子篡改呢？在经典的 PBFT 分布式共识过程中，这种一致性的保证，就是通过三个阶段和两轮投票完成的。如图 3-7 所示，三个阶段分别是预准备阶段（pre-prepare）、准备阶段（prepare）和确认阶段（commit），两轮投票则是区块链网络中的从节点对区块链网络中的主节点的打包排序结果和交易验证结果分别投票，投票通过则分别发送 prepare 消息和 commit 消息来完成。最终达到即便网络中有 1/3 的恶意将军，剩余的将军也可以就战报达成最终的一致性。

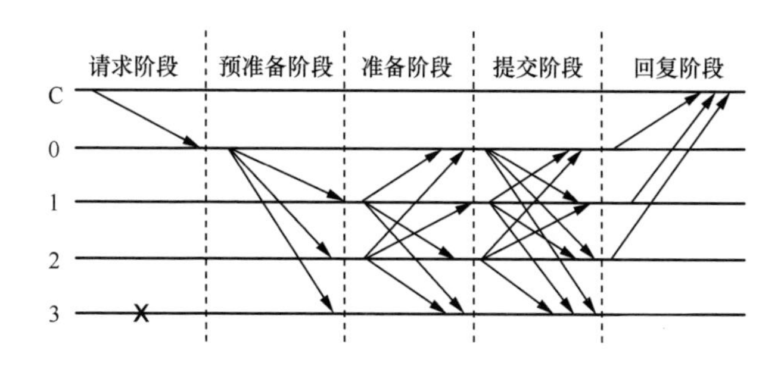

图 3-7　实用拜占庭共识过程

中国有句古话："勿以恶小而为之，勿以善小而不为。"但是，当下社会对"小善"和"小恶"缺乏度量、记录和证明的手段，单靠行政部门执行，不但成本高、协同难且治理机制不透明。试想，拾金不昧、搀扶老人、垃圾分类、见义勇为等一个个的"小善"虽然可以推动社会文明的可持续发展；但高空坠物、公交霸座、强行变道、乱丢垃圾、吐痰涂鸦等一个个的"小恶"也会侵蚀社会风气。进入 5G 时代，区块链和物联网技术的不断深化，为人类社会文明的可持续发展提供了技术手段和经济思路。深圳前海微众银行（以下简称：微众银行）推出了"善度 MERITS"参考框架（Measurable Ethics：Rating，Incentivisation，Tracking & Supervision Framework），借助区块链分布式治理、通证经济、可溯源、可编程、不可篡改、多方共识等特性，帮助终端用户、赞助者、兑换平台、清结算提供者、监管方等不同的社会治理参与方，发挥各自的治理职能、资源优势、技术优势，对各类善行善举进行量化、记录、证明。让"小善"可以被精确细致地度量、被及时透明地激励、被风清气正地传播，这不正是区块链思维助力当前社会治理的典型写照吗？如果全球每个人都践行善行善举，气候变暖、生态危机、家庭暴力、顽症疾病……这些困扰人类社会的老大难问题，会不会得到一定程度的解决呢？

著名社会学家凯文·凯利在其巨著《失控：全人类的最终命运和结局》中，论述了人类社会和科学技术的进化理论：工业社会是基于机械逻辑的进化论，信息社会则是基于生物逻辑的进化论，其本质就是区块链的核心思维：分布式、去中心化、自组织。区块链思维在社会治理方面的应用，相对于中心化组织有着可进化、适应性、创新性等多方面优势，随着该思想在社会组织中的实践，人们的生活和工作中将会出现各种按照兴趣、基于任务、社群性质的去中心化自治组织（Decentralized Autonomous Organization，DAO）。上文提到过美国投资基金公司桥水基金所使用的“专注于发展的组织模式”（DDO，Deliberately Developmental Organization），实际上是一种对“去中心化”组织管理模式的前期探索，通过“去中心化”思维管理组织中个体上层意识形态，实现公司的发展繁荣。而未来，当公司以自组织的形态运行时，就出现了最早由丹尼尔·拉力默（Daniel Larimer）提出的去中心化自治公司（Decentralized Autonomous Corporation，DAC），这是更为靠近区块链思维的组织管理模式。那时，人们可以随时随地加入 DAC，而不用与公司其他人认识，按照符合 DAC 既定规则的方式贡献并持续享受 DAC 的发展红利。随着 DAO 和 DAC 的普及，整个社会或许也将过渡到去中心化自治社会（Decentralized Autonomous Society，DAS），基于政府管理和社会运作的全面大数据化，以更便捷、更个性化的方式提供全新的政府管理和社会服务职能，并最终促进经济和社会活动的大爆发。

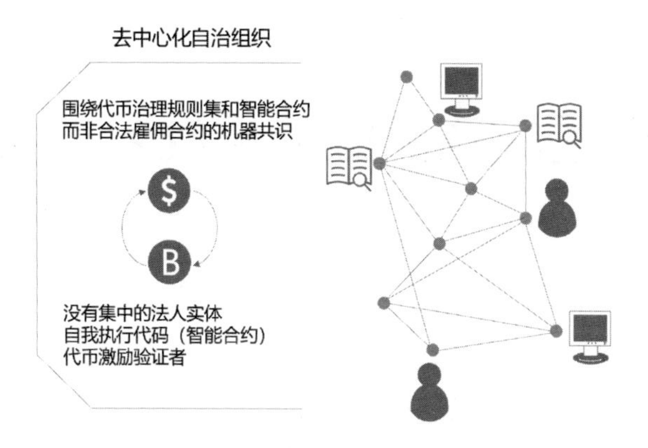

图 3-8　DAO 组织模式架构[⊖]

⊖ 引自“Tokenized Networks: What is a DAO?”.

第四章

用区块链思维助推社会变革

互联网时代，人们所习惯的“互联网+”发展模式，在区块链思维下，可能需要转变为“区块链×”的发展模式。

在未来，区块链思维将推动整个社会格局的变革。

《连线》（*Wired*）杂志创始主编凯文·凯利在演讲中预测过未来社会 12 个重要趋势之一即是“颠覆”，且内因不会成为颠覆的动因，变革只会由外部推动产生。这也从侧面解释了，为什么最早应用于比特币的区块链技术及思维，可以同社会经济领域产生千丝万缕的关系，并成为社会变革的助推器。

本章将从“行业泡沫”开始，带领读者认识区块链思维的变革性潜力，同时预见区块链思维将为社会经济、社会治理、数字身份、供应链金融等领域带来哪些颠覆。

第一节　行业泡沫会推动生产关系的变革

变革性技术的产生，总是伴随着“行业泡沫”。区块链也是如此。

历史总是那么相似，但每一次相似又不尽相同，一轮轮的行业周期在轮番上演，一次次行业泡沫在不断推动生产力和生产关系的变革。我们要关注行业泡沫，更要甄别泡沫破灭后带来了什么？如果什么都没留下就是真正的泡沫，但如果留下了，就是一次创新的开端。

17 世纪初，荷兰北部七州对抗西班牙取得胜利，取代了葡萄牙从事香料贸易生意，再加上荷兰联合东印度公司经营巴达维亚取得了可观收益，让荷兰一跃成为欧洲海上帝国，吸引着大量贸易在这里开展，连海外的美术品都集中在荷兰进行交易。被广泛认为发源于土耳其的郁金香，观赏价值高，难以在短时间内大量培育。经奥斯曼土耳其帝国的推崇以及法国植物学家的品种改良后，在欧洲各地广为流传。一时间，欧洲大陆执政者、贵族、富商、律师和医生等社会精英开始竞相追捧，精致的花圃如雨后春笋般出现，球根贸易应运而生，花商们也赚得盆满钵满。1634 年左右，郁金香的大受欢迎引起了投机分子的关注，他们对花的美丽并不感兴趣，只为了哄抬价格攫取利润。据说，当时一株顶级郁金香品种“永远的奥古斯都”球根价格最高能卖到 10 000 荷兰盾，能够买下当时荷兰阿姆斯特丹最繁华的运河边上的最豪华的房子，还连带马车房和花园。一时之间，价值连城的郁金香开始吸引工匠、农民、面包师傅等资金量小的普通民众参与进来，哄抬了非顶级的郁金香品种价格，更重要的是催生了最早的期货交易制度。彼时的郁金香交易可以不需要现货球根甚至现金，只需要前往某酒店提供“明年三月支付”的期货票据，或者使用少许的预付款即可完成杠杆交易，交易量的膨胀让原本便宜的郁金香品种价格也开始飞涨。1637 年早春，郁金香交易市场突然出现找不到买家、期货票据无法兑现的问题，一夜之间郁金香球根的价格开始毫无征兆地下跌，不到四个月的时间跌去 90%的平均价格，普通品种的郁金香球根甚至不如洋葱的售价，支付了大笔现款的商人面临着血本无归的投资，支付了定金的交易双方纷纷闹上各级法院，参与的普通大众则眼睁睁看着一生积攒的财富付之东流。在被《金融时报》评选为十大投资经典之一的著作《异常流行幻象与群众疯狂》中，作者将郁金香的泡沫化描述成“大众的集体疯狂而引发的丑闻”。

郁金香泡沫催生了以荷兰联合东印度公司为代表的股份制公司组织架构和以阿姆斯特丹证券交易所为代表的股票交易市场。

表 4-1　郁金香狂潮历史时期价格表㊀

品种	1637 年 1 月 2 日	1637 年 2 月 5 日	1739 年
Admirael de Man	18	209	0.1
Gheele Croonen	0.41	20.5	0.025
Witte Croonen	2.2	57	0.2
Gheele ende Roote van Layden	17.5	136.5	0.2
Switsers	1.0	30	0.05
Semper Augustus	2 000	6 290	0.1

㊀ 数据来源：彼得·加伯（Peter M. Garber）的著作《泡沫的鼻祖：早期金融狂热的基本面》（*Famous First Bubbles: The Fundamentals of Early Manias*）。

1994 年万维网（World Wide Web）出现，人们发现互联网成了双向通信和及时信息发布的最佳媒介，一时间涌现出无数的主页，一个公开的网站也成了上市公司的标配，大量雷同且并不切实可行的商业计划蹭着网站的热度满天飞。与此同时，低利率和减税监管，引发了资本市场对科技股和互联网的投资兴趣，投行和分析师开始大肆推销互联网公司，通过吸引投资来获得酬劳。浏览器作为互联网最重要的工具软件，让网景通信公司（Netscape Communications Corporation，以下简称网景）集万千宠爱于一身。1995 年 12 月，网景首次公开招股，定价 14 美元，开盘后股价一路飙升至 71 美元，两个小时内，500 万股被抢购一空，收盘价 58.25 美元，24 岁的网景创始人马克·安德森，一夜之间成为硅谷与华尔街最炙手可热的人物，网景也被誉为“互联网领域的微软”。仅 1999 年这一年，在美国上市的 457 家公司中，有 308 家来自科技行业。市值排名前十的公司中，科技公司占了六家。从 1998 年到 2000 年，以科技股为主的纳斯达克指数（National Association of Securities Dealers Automated Quotations，NASDAQ）从 1 000 点快速涨到了 5 000 点，最高达到 2000 年 3 月 10 日的 5 048 点。硅谷大科技公司的程序员，手里都拿着价值几百万美元的期权；刚毕业的学生，注册一个.com 后缀的网站，身价也能达千万美元。一时间，人人都是股神，只要科技公司一上市，股票就翻倍地涨。网景的发展势头逼迫当时市值最高的科技公司微软公司（Microsoft）开发自己的 IE 浏览器并捆绑操作系统进行销售，为此马克·安德森起诉微软垄断市场。2000 年 3 月，美国司法部开始对微软进行调查并判决其确实存在垄断行为，科技巨头可能面临分拆而陨落的消息迅速引发了市场恐慌的多米诺骨牌，科技股在达到历史高峰后开始了持续下跌，很多互联网公司都撑不过12个月，连思科系统公司（Cisco Systems，以下简称思科）、国际商业机器公司（International Business Machines Corporation，以下简称IBM）这类老牌IT公司的股价都蒸发了近80%，纳斯达克最低跌到了1 108点，缩水近八成。互联网公司开始纷纷倒闭，大型IT公司裁员的消息也纷纷扬扬，程序员不断失业，硅谷曾经拥挤的办公楼也变得空空荡荡。泡沫破裂之后，谷歌开始通过卖“关键词”赚取现金存活了下来，直到今天，谷歌的广告系统也是其核心商业模式。

千禧年的互联网泡沫推动了基于互联网技术的创新创业，成就了细分领域的互联网垄断寡头 GAFATA。它们就是：G（Google）、A（Amazon）、F（Facebook）、A（Apple）、T（Tencent）、A（Alibaba）。

2008年，美国的次级房贷引发了全球金融危机，中心化银行的信用关系遭到破坏，并引发了货币超发、资产通胀、民众偿还困难、银行挤兑、大量金融机构破产倒闭等一系列问题。2009年1月3日，第一枚比特币诞生，在其创世区块中记录了当天英国《泰晤士报》的头版标题，充斥着对传统金融体系的不信任。彼时第一个公允的比特币汇率可以追溯到1BTC=0.008美元，源于一个叫 Laszlo Hanyecz 的佛罗里达程序员用1万个比特币购买了一个价值25美元的比萨。比特币问世10年以来经历了三次暴涨暴跌，价格也翻了数千万倍。最近一次剧烈波动可以追溯到2017年前后，比特币的价格从789美元暴涨到19 878美元，涨幅超过24倍，这波暴涨主要是由首次代币发行（Initial Coin Offering，ICO）引发的。

ICO是一种为区块链项目募集资金的方式，类似于股权众筹，投资者通过购买项目代币期待未来升值而获得收益。著名的ICO项目包括著名的以太坊项目，通过42天的预售共募集到31 531个比特币；Telegram电报软件，累计融资规模17亿美元等。但随着大量资本的疯狂涌入，很多ICO项目的代币获得了百倍甚至千倍的涨幅，大量的投资者已不在乎项目本身的价值，只是幻想着能够在这个博傻投机中分得一杯羹，ICO市场开始泥沙俱下、乱象丛生，整个虚拟货币市场的泡沫也被越吹越大。最疯狂的时候，很多项目只有一个白皮书甚至商业模式的故事就开始发币融资，动辄上千万美元的项目也能在数小时内完成募集，大部分投资者进入了“听不懂要投、看不懂更要投”的错失恐惧盲投状态，项目方则不惜通过内幕交易、联合坐庄、操纵价格、履历造假、传销诈骗等方式牟取暴利。也就是在同一时期，比特币达到了历史最高价格，近2万美元，以太坊也由2017年年初的7.98美元暴涨100倍至超过800美元。随着政府监管政策的出台，提供ICO服务的平台和数字货币交易所纷纷关停，场内外交易群被封，投资者天马行空的暴富梦也破碎了，近10万人被套牢，比特币也从最高的近2万美元一路下跌到8 000美元左右，跌幅超60%，最低为2018年年初的3 000美元。

直到2018年上半年疯狂的ICO泡沫归于平静后，市场投资者也开始回归理性看待，技术研究者开始关注区块链核心技术的研发。ICO 泡沫的破灭让真正有价值的项目获得资源，形成一个个区块链社群，专注于推动技术进步和产业创新。社群的参与者通过群体智慧，让区块链生态发展得更加成功，而区块链社群和生态的建设又让参与者获得收益。或许在未来，一个人在哪家公司哪个职位工作并不重要，重要的是大家可以基于相同的兴趣加入一个区块链社群，以生态化的力量共同完成任务，并按照贡献获得收益。

图 4-1　普华永道区块链 ICO 评估模型[⊖]

⊖ 引自：《普华永道——ICO 风险评估指引》。

从2008年“中本聪”发布比特币白皮书开始，区块链技术进入人们的视野已经过去了12年。ICO行业泡沫时期，区块链被简单等同于数字加密货币技术，其技术及思维本质被数字货币的糖衣所掩盖，未免买椟还珠。随着数字货币泡沫的湮灭，在技术研发、国家政策、市场需求的多重推动下，区块链经过了以智能合约应用为研究重点的2.0阶段，正在向研究超越货币和金融范围的泛行业去中心化应用的3.0阶段大步迈进。区块链思维本质对于社会变革的价值，也开始重新为人们所认识。

第二节　记账模式的变化推动经济活动的变革

每一次记账模式的变化，都会促进经济活动的大变革。

人类的记账历史应该是从流水账或者单式记账法开始。记“流水账”虽然直观明了、简明易懂，但是也存在几个问题：第一，由于流水账是各记各的，无法约束不信任的行为。比如牧场主张三第一天借给了村民李四五只羊，张三和李四分别在各自的账本上记录了这笔交易，但是到了第二天，如果李四单方面修改了这笔交易甚至撕毁了账本而不承认，就产生了无法对证的纠纷；第二，由于流水账是不分类别的，不便于资产计算。比如牧场主张三某天想统计下一共还剩多少羊、多少牛，就必须从第一笔账开始逐条计算。因此，流水账或者单式记账法在经营方式复杂或者资产交易次数增多时，容易导致账目乱套，无法有效协同，造成信任危机。

图 4-2 《簿记论》

复式记账法源自于意大利，所以也常被称为“意大利借贷记账法”。从佛罗伦萨银行家的簿记，到热那亚市政厅的总账，再到威尼斯的复式借贷，复式记账法推动着当时商业的发展。1494 年 11 月 10 日，一位著名的数学老师兼教士，意大利人卢卡·帕乔利（Luca Pacioli）出版了《簿记论》，标志着复式记账法的诞生。在复式记账方式中，每项经济业务都会按照相等的金额在两个或者两个以上的相关账户中同时登记，那么任何一项经济业务的发生，都会引起资产和权益至少两个项目的增减变动，而这个增减变动的金额是相等的。所以复式记账法的精髓就是“借方买进，贷方卖出，有借必有贷，借贷必相等”。有了复式记账法，商人们可以精确地计算企业的盈利，商业伙伴可以放心地合作共同经营，人们也可以更大规模地开展借贷和贸易。显然，相比于流水账或者单式记账法，复式记账法的出现，极大地推动了当时的经济活动和商业范围。事实上，多年以来，从上市公司到小微经济体，一直沿用着复式记账的理论，复式记账法被认为为现代资本主义的发展奠定了基础，甚至被后来者评价为与伽利略天文理论和欧几里得理论齐名。

图 4-3　卢卡·帕乔利肖像

区块链将推动分布式记账时代的到来，因为区块链技术的核心之一就是分布式账本（Distributed Ledger Technology，简称DLT）。一个分布式账本是由参与节点共同维护的，一方面，所有账本数据会被完整地存储在区块链网络的每个节点上，另一方面，所有节点都会对账本数据的合法性和完整性进行验证。当一笔交易发生时，会被广播到全网所有节点，由竞争胜利的节点完成记账并把记账结果再次广播同步给其他节点。如果说复式记账时代，还要求会计“不做假账”的话，那么在分布式记账时代，不做假账已经变成了现实。由于人们不再担心会有假账的出现，那么也必然会出现更大规模的经济合作活动。或许在未来的数字社会，基于信任的合作会突破公司的范围，任何人都可以按需加入一个区块链社群组织与其他人进行协作，而社群组织会通过代码的方式严格遵守国家法律或行业规则，集体维护交易账本并通过智能合约分配利润，经济活动将会迎来指数级爆发。

第三节　从股份制公司到区块链社群，组织形态的变革与优化

随着经济学逻辑的转变，区块链思维也会不断驱动组织形态演进。

世界上最早的股份制有限公司是1602年在荷兰成立的联合东印度公司，它是在欧洲大航海时代，荷兰商人为了开拓新市场、扩大对外贸易，从事高成本、高风险、高回报的远洋探险活动而成立的。在最开始运作时，这些航海公司在航行回来时，将股东的股票作为凭证返还投资，并与股东进行利润的分取，随后将这些利润继续作为资本在公司内进行长期使用，形成股份制度并产生股票。股份制改造、股票融资活动的开展催生了股票交易的需求，股票交易的需求又促成股票市场的形成，最终进一步推动股票融资活动。于是在1608年，荷兰建立了世界上最早的证券交易所——阿姆斯特丹交易所。彼时的荷兰堪比现在的华尔街，几乎所有的金融产品和贸易技术都源于此。联

合东印度公司也成功地在一个月内向公众募集了多达 640 万荷兰盾的资金，通过股份制经营的模式，使得公司快速发展，公司的鼎盛时期是在 17 世纪中期，它在全球拥有 15 000 个分支机构，多于 150 艘商船和 40 艘战舰、超过 5 万名员工和人数超过 1 万的私人武装，全球贸易额的一半由联合东印度公司创造。

图 4-4 荷兰联合东印度公司的徽章 VOC[㊀]

传统工业时代的组织形态是典型的“金字塔”结构，因为它是建立在分工与目标基础上的，通常采用分层管理模式，由高层决策、中层控制、下层执行，不管是职能式组织结构、事业部式组织结构，还是矩阵式组织结构，都是如此。互联网对企业经营环境带来的变化是消除了信息的不对称性，那么互联网变革下的组织形态也必然变得更加扁平化。这带来的最大好处是有利于加快对用户需求的响应速度，顺着态势发展而做出决策。如果说“金字塔”组织结构的关键词是控制、命令、制

㊀ 引自：观复博物馆官网相关介绍页面。

定预算、资源整合，那么“扁平化”组织结构的对应关键词则是激发、鼓励、指明方向、资源聚合。

随着未来公司制度的不断去中心化、去行政化，未来的组织将是一个个区块链社群，它是以个人为节点、各小社群相互链接的拓扑结构，是一种无中心、无权威、无固定形态的生态化结构，是一种民主、公平、公开、公正、自治的社群化结构。自上而下的管理会越来越少，横向之间的主动连接会越来越多，基于兴趣、依靠任务结合起来的自组织业务将成为趋势。每个自组织就像一个“风火轮”一样来聚集能量和资源，以生态化系统的力量进行发展。那时不仅不会有部门的概念，甚至公司的边界也会变得模糊，任何人可以随时随地加入一个自组织，而不用跟公司其他人认识，人们基于兴趣和任务进行合作，而把身份隐私、法律法规、利益分配交给区块链系统及链上的智能合约来保证。到那时，创新将被前所未有地激发，经济活动会随之爆发，真正的数字社会也将到来。

“以客户为中心、以奋斗者为本”的华为技术有限公司（以下简称：华为）目前堪称组织形态变革的成功标本之一。“以客户为中心”是组织结构的去中心化。让驱动企业增长的发动机从总部领导者变为部门员工，“让一线呼唤炮火”，就是让基层作战单元在授权范围内有权力调配系统的支持力量，以便根据客户需求、一线市场及时有效地提供支持与服务。以后端的大资源形成平台作为后盾，支撑前端一个个灵活、敏锐、创新的小团队相互协作、快速反应。“以奋斗者为本”则是股权分配的去中心化。华为创始人任正非先生持有的公司股份约 1.01%，另外

98.99%的股份都在广大华为员工手里。耕者有其田、共者有其股，华为的股权不融资、不上市，只给奋斗者，充分调动了广大员工的群体积极性。这正是华为如此成功的重要原因之一。

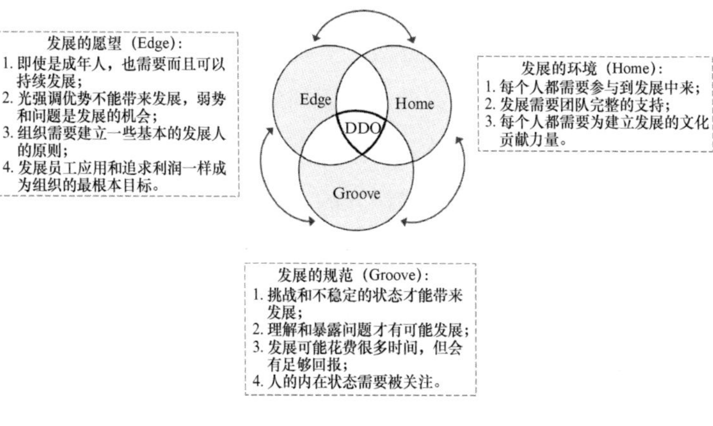

图 4-5　DDO 组织发展的三个维度[㊀]

美国哈佛大学教育学院心理学教授 Robert Kegan 在他的心理学著作《发展的自我》中提出了建立“专注于发展的组织模式”（DDO ，Deliberately Developmental Organization）这一概念 ，并明确了 DDO 的完整模型架构。DDO 是未来组织模式中的一种重要形式，DDO 组织拥有一种看似简单但却很激进的信念，该信念的核心是当组织与人们最强烈的发展动机（增长）紧密结合时，组织将得到更好的发展。美国投资基金公司桥水基金正是这种商业组织形式的一个典型成功例证，关于这一组织形式的具体架构及运作方式，瑞·达利欧在其畅销著作《原

㊀ 引自：Robert Kegan《发展的自我》。

则》中已有过深入阐述。DDO模式由三个核心维度支撑组织的发展，即社区发展的渴望、个人发展的渴望和发展实践。这三者每时每刻都要保持紧密的结合。在这种组织形式下，组织的发展可以不依赖高度集中的管理运营模式。通过信息高度开放，在发展目标驱动下，结构分散、人员众多的大企业也可以实现优质的管理、高效的决策。在《原则》一书中，瑞·达利欧提及为了提升创意择优的效率，推动企业繁荣，桥水基金尝试使用了一系列有趣甚至略有些诡异的工具和方法。比如：用于在会议中记录并展示众人想法、通过可信度加权投票帮助大家做出决策的"集点器"；通过计算机算法形成员工多维度特征画像、基于画像提供员工评价从而帮助快速定位岗位匹配最佳人选的"棒球卡"；记录员工间承诺并监督承诺履行，使得承诺有证可查便于相互问责的"契约工具"等。DDO模式正是未来组织架构向去中心化演进过程中的一个前期尝试，它为去中心化组织的结构设计、运营管理提供了可借鉴的思路，同时有效证明了"组织和个体的一切问题都源于个体和群体的认知局限"，而在去中心化的模式下、以目标为导向的高效协同将打破这一局限。

对于一个组织而言，运营效率总是小于结构效率，而当无法提升结构效率时，运营效率也体现不出价值。区块链社群结构的底层密码是让一群协作成本更低、兴趣点更相同的人结合在一起，更加高效地协作完成任务。未来，区块链的社群思维将在决策过程、管理结构、工作方式等方面不断优化并形成新型组织，企业的管理也会从传统的多层次变得更加扁平化、更加网络、更加生态。

第四节 社会治理现代化助推器——基于区块链的数字身份

社会治理现代化的重要标志就是人与人的协作现代化，因为马克思对人的定义是：人的本质是一切社会关系的总和。人与人之间的协作，分为内部协作与外部协同，但如何定义内部和外部，如何定义自己和周围的人，就是如何定义自己的身份，定义他人的身份，从支付宝的蚂蚁信用分，到微信的微信支付分，都是在从征信的角度帮助人们定义身份，但只有几个维度是不够的，所以要全面留痕，并且留痕要做到隐私安全、价值创造和保证分配。

而实现这些社会治理现代化目标的技术和思维助推器，就是区块链。

经典的"保安三问"，同时也是最有哲理的人生问题是：你是谁？你从哪里来？你要到哪里去？有一部微型网络科幻小说，不仅以保安三问的第一问为题，在开篇的场景里，主人公何夕也面对凶神恶煞的保安盘问，只因为他忘记了自己的数字身份。这是一套被称为"谛听"的数字身份，因为若干年后人脸识别可通过手术变更绕过、指纹识别可通过特征手套改变指纹绕过、声音识别可通过喉部微处理器绕过、DNA 鉴定也因为克隆术全面失效。"谛听"本质上是一串数字识别码，它是以加密的形式修补到人体的 DNA 中而形成的。"谛听"数字身份一旦经由少量造血干细胞植入人体，便成为几十亿人的星球上唯一属于你的代码，同时也是你的社会福利号、电话号、甚至是银行账号等，并且与你的生活偏好、饮食习惯甚至性格特点等精准画像关联。

不管是互联网时代还是区块链时代，其共同特点都是数字化，数字经济在当前经济发展中发挥着重要的引领作用，数字化转型也正在广泛地重构着人们的工作和生活。而为了保证数字化活动和数字化交易是真实有效的，首先要使用户拥有数字身份，并保证其数字身份的真实性和有效性。在互联网时代，数字身份不仅繁多、分散，而且容易被获取、盗用。区块链凭借其多方共识、难以篡改、公开透明等特性以及非对称加密、零知识证明等技术，为可信数字身份提供了解决方案。不仅身份证、护照、驾照等身份证明信息可以承载在区块链上，公民财产、个人数据、数字版权等也可基于区块链存储，减少交易转让的步骤和欺诈行为。无论是爱沙尼亚的 e-Estonia，还是我国的 eID/CTID，都是数字身份发展的重要项目，据市场研究机构 IDC FutureSpace 的预测，2022 年将有 1.5 亿人拥有区块链数字身份，通过验证每个用户的身份、每个设备、访问限制以及机器学习获得更深入的洞察。

数字身份的应用范围非常广泛，个人身份识别只是其中一方面，一家公司、一笔资产、一件物品都可以拥有它们自己的数字身份，只要有加密、识别功能的需求，数字身份都能派上大用场。Vechain 利用区块链和 NFC 技术重新定义供应链，为每个商品都提供一个数字身份，并将与该数字身份相关的每个环节都上传到区块链上，实现商品信息从始至终可溯源；用户也可以通过该数字身份查询得到供应链中各个环节的信息，杜绝了伪劣商品在市场上流转。WISeKey 将区块链数字身份赋予各类物联网设备，确保了物联网设备交互的真实性与可追溯性。

还有最重要的一点，数字身份为人们提供了一个以用户为中心的身份，这也将是个人身份未来发展的主要方向。现在的互联网有着各种不同的应用，作为用户的我们也不得不持有大量不同的身份，QQ 账号、微信账号、淘宝账号、微博账号，几乎没有人能准确说出自己在网络上注册过多少个账号。假如每个用户都拥有一个数字身份，所有的互联网应用都认可这一身份，那么用户就可以用一个身份登录所有的应用了。OpenID 与脸书都尝试推行这一方案，但它们却又充当了这一身份体系的中心机构，这违背了以用户为中心的核心思想，因此并没有受到广泛认可。虽然以用户为中心的身份认证方案看起来很美好，但方案中存在的数字身份生成、商业盈利等问题还需要解决，距离实用还有很长一段距离要走。

我们即将进入基于区块链的数字身份时代，基于数字身份管理和交易数字资产，基于数字身份履行智能合约以开展各种社会活动，基于数字身份让区块链的金融力量更好地赋能于个体。

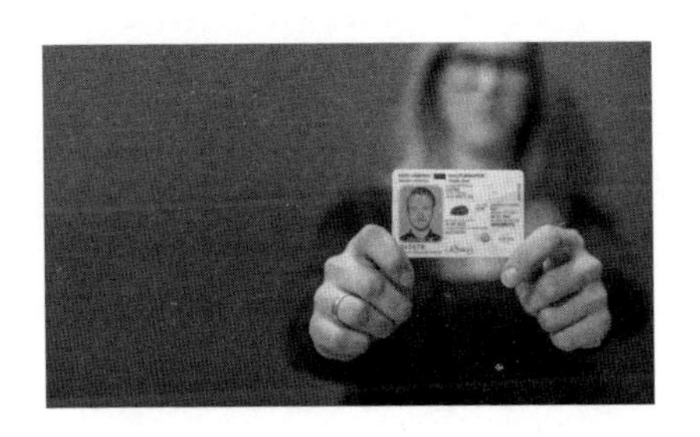

图 4-6　爱沙尼亚政府部署商用区块链[㊀]

㊀ 引自：爱沙尼亚的数字社会实践：https://www.jinse.com/blockchain/359788.html.

第五节　区块链思维，实现供应链价值再造

全球供应链是多层的，涉及分布于多个时区、数以百计的参与方。从食品分销商到制药企业，许多供应链可以从物联网和区块链的结合中受益，从而简化流程、帮助供应链更加可信。基于区块链技术，物联网设备、货物本身或每个物体之间的所有权、操作记录、位置转移可以被实时跟踪；同时，通过将供应链数据迁移到区块链，可以实现供应链身份验证和交易的自动化。

图 4-7　炫酷的七格格极具视觉冲击力[㊀]

从默默无闻到淘宝女装销售第四名的七格格让用户给拟生产的服装款式投票，小米系统在用户的意见反馈下进行每周更新，大众点评根据评价改进菜品，互联网通过精准聚合消费者的个性化需求进而优化供应链端。工业时代的商业模式是广义的 B2C 模式，以厂商为中心，而互联网时代的商业模式则是以消费者为中心的 C2B 模式，通过前端与消费者的高效、个性、精准互通，倒逼生产方式的柔性化以及供应链价值再造，实现

㊀ 引自：天猫七格格旗舰店首页店面图。

前端定制化、后端精益化。小米科技有限责任公司（以下简称：小米）创始人雷军曾经说过：小米销售的是参与感，这是小米秘密背后的真正秘密；阿里巴巴 COO 张勇认为：真正的 C2B 是利用消费者需求的聚合，能够改变整个供给模式。C2B 模式的支撑体系包括个性化营销、柔性化生产和社会化供应链。企业互联网化的特有现象使消费者不再满足于企业生产什么就购买什么的旧模式，开始向企业“定制”自己的购物需求，企业和消费者之间由 B2C 向 C2B 模式逐步转变㊀。C2B 模式的最高境界是教育体验式营销，让用户能够感觉到原来你的产品如此有品质，原来你做事的态度是这样。这样有助于培养忠实粉丝，而粉丝又是最优质和最忠实的目标客户。

供应链具有天然的社会化协作属性。互联网和区块链的出现，颠覆了传统供应链体系以降低成本为导向的模式，提高了消费者、企业间的协作效率，扩大了协作范围，原来的线性金字塔结构被逐渐压缩到扁平化的平面上。未来引入区块链思维的供应链新模式，不但可以支撑大规模、社会化、实时化的分工与协作，还能让客户的个性化需求与信息更直接地反馈到各家企业协同组成的高效价值网上，这意味着，一种全新高度的协作化供应链体系正在形成。市场研究公司 Allied Market Research 的报告称：“2017 年全球区块链供应链市场规模为 9 316 万美元，预计到 2025 年将达到 98.5 亿万美元，2018 年至 2025 年的复合年增长率为 80.2%。”

作为价值传输的底层技术，区块链对供应链还可以更好地

㊀ 引自：《互联网思维独孤发剑》。

提供金融属性。通过核心企业与上下游企业、出资方、保理商共同构建去中心化供应链生态，企业可以使用更高效、安全的电子支付结算和融资工具来改造传统报表中应收账款的支付融资模式，有利于盘活参与企业的流动资产，加快资金周转，降低供应链运作成本，提高整体产业效率。基于区块链的多级供应商融资体系，将应收账款作为数字资产，安全、完整、永久地登记于所有的区块链节点，实现了平台各参与方的快速确认和实时共享同步，促进全链条信息共享，解决了核心企业、成员企业、出资方、保证方、保理商等参与方之间的互信问题，依托核心企业进行信用传导，开展基于应收账款的签发、承兑、保兑、支付、转让、质押、兑付等业务。通过区块链的价值连接、价值流转驱动能力，进一步引导更多资金为实业场景服务，最终让区块链技术赋能于产业、服务于产业，推动制造供应链向产业服务供应链升级。

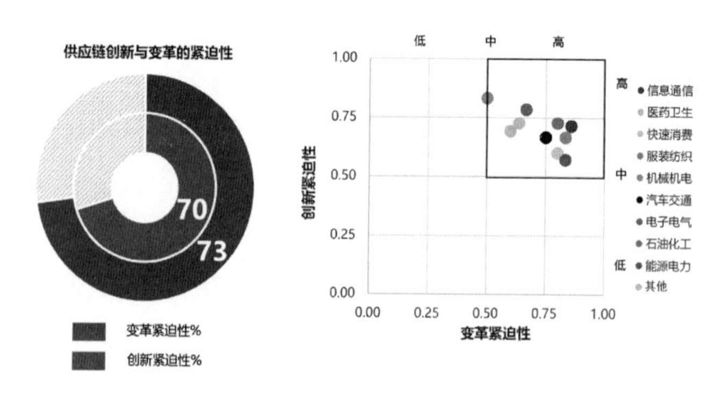

图 4-8　供应链创新与变革的紧迫性㊀

㊀ 引自：达睿咨询《供应链创新发展与变革转型白皮书》。

下 篇

区块链数字经济生态案例

简而言之，区块链是若干个带有时间戳的不可变数据，由不属于任何个体的计算机集群维护。这些数据块（即块）中的每一个都是安全的，并且使用加密原理（即链）彼此绑定。

区块链的三大特点是：

（1）权力下放：存储在区块链的所有数据都不属于一个实体。

（2）透明度：所有上传到区块链的数据均可被链上成员访问，且包括数据源头在内的数据相关信息均可被追溯。

（3）不可变：由于加密哈希函数，区块链内部的所有数据都不能被篡改。

万花筒洞察在 2018 年年初发布的报告《可信事物的互联网：区块链作为自主产品和生态系统服务的基础》中，探讨了区块链如何在产品和应用层面以及更广泛的生态系统层面带来信任。

该报告强调区块链技术发展显然并不独立。其发展蓝图是需要进一步融合物联网、人工智能、下一代安全技术、数字孪生、边缘计算和雾计算、高性能嵌入式芯片、计算机和机器视觉等技术中的一种或多种。当然，如果要罗列出区块链可能牵手的所有技术，这个列表可能是无穷尽的。

基于上一篇中介绍的区块链思维内涵、外延，本章中，我们将通过具体案例，带领读者窥见区块链在金融、政务、智慧城市以及与人工智能等新兴技术融合产业将创造怎样的价值。

第五章

区块链+金融

第一节　区块链推动银行业发展

近几年，各大银行纷纷加大了对金融科技的投入，希望利用金融科技的手段，解决业务上的痛点，提升业务价值，整体向智能化、生态化、数字化转型。区块链技术的横空出世，大大加速了银行在金融科技上的转型。目前，国内多家银行都在区块链的研究中投入大笔资金和精力，希望成为区块链与银行业结合的领头军。

不少银行都推出了区块链数字积分产品，首推的就是中国农业银行的掌银客户数字积分体系“小豆”，激励用户探索体验掌银的各类服务。利用区块链对数字资产的确权功能，农行把积分交付给客户后，积分所有权属于客户，积分后续的传播过程由客户决定，剥离与发行方的关系，从而实现积分在不同平台之间的自由流转和通兑，提高资产的流动效率，同时也可以提高客户的活跃度。积分作为客户价值的反馈，要想挖掘积分体系的价值，最重要的是解决数字积分的生态问题，保证积分在不同平台之间自由合理地流通。

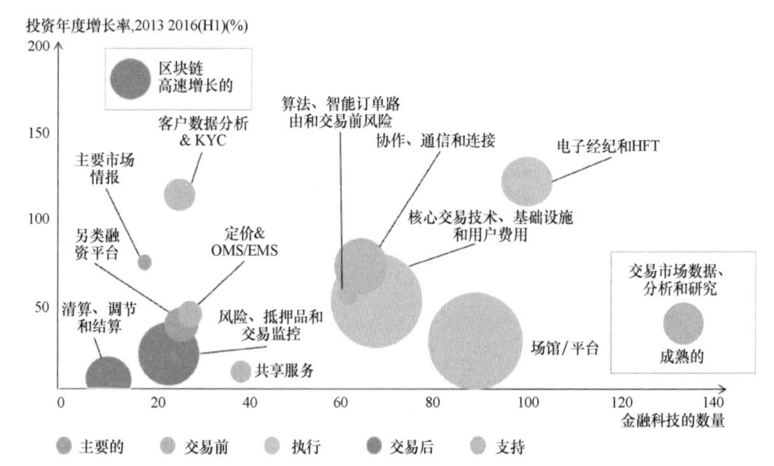

图 5-1　在资本市场金融科技的关注点中区块链的热度正在迅速提升[⊖]

各大银行还热衷于将区块链应用于养老金托管领域。养老金托管中有多个角色参与，托管、委托、受托，还有投资管理，而且还涉及了基金、保险、银行等多个行业。按照传统托管方式，缺乏一个很好的互信机制，很多情况都需要人工处理，来回交换各种证明文件，成本高而且流程长。而区块链天然就是一个多方参与、多方协作的系统，能够为银行提供一种多方实时共享的模式。2018 年，中国农业银行和太平养老保险公司展开合作，打造了一个多方的联盟链，首先将养老金的一些全业务流程上链，通

⊖ 引自：BCG 波士顿顾问协会“Fintech in Capital Market：A Land of Oppertunity”，2016.11.

过区块链实时的共享，提高业务处理效率，从而使业务处理时间从 12 天降到了 3 天，大幅度提升资金的利用率。

在智能投顾领域，银行也利用区块链技术进行了大胆创新。智能投顾是近几年推出的新型在线财富管理服务，基于个人投资者提供的风险承受水平、收益目标以及风格偏好等要求，通过人工智能等算法为用户提供投资建议。2017 年中信银行上线了一款智能投顾产品——信智投，作为中信银行零售智能化转型的拳头产品。其中有一个跟投功能，可以帮助普通客户根据一些投资明星的历史业绩选择跟着一起投资。这种功能中，投资组合的历史表现是非常重要的投资依据，需要做到公正和透明。利用区块链技术，能够在保证客户隐私的前提下，将投资业绩分享给其他客户，确保数据的可信，帮助客户更好地实现个人财富管理。

其实区块链不是一种技术，而是一组技术的组合，构建系统，形成了一个生态。区块链在银行业中的应用，也应当从生态开发的角度去考虑。欧洲出台的《一般数据保护条例》（General Data Protection Regulation，简称 GDPR），核心内容就是数据的分享。保证参与方的价值属性是生态体系的核心，不论是谁，只要参与其中，就应当有价值。一片森林、一只蚂蚁、一头大象都有它的价值，谁参与谁就应该获得价值。

2017 年，中信银行联合民生银行共同推出了基于区块链的国内信用证系统（BCLC）。2018 年，中信银行、中国银行和民生银行联合推出了基于区块链的福费廷交易（BCFT）。随后包括光大银行、苏宁银行、北京农商银行等银行，都在持续加入，交易额也已突破了百亿级。随着联盟规模的增加，区块链在银行业的应用生态也在持续扩大，帮助各个银行提高协作效率，降低经济成本，并且切实解决了贸易融资中信用评价和风险控制等难题，带动了整个产业的技术升级。

在行业的发展中，银行业致力于共同为区块链制定新标准。随着越来越大的项目落地，业内共识就越一致。目前，银行业和工信部、央行等有关机构，都在牵头制定相关的行业标准和规范。标准制定是一个相对比较复杂的过程，既需要考虑传统银行业自身的金融规律，比如安全标准，也要综合区块链本身的技术标准，比如跨链技术。经过多方齐心协力共同商议，不论是五大行还是其他中小银行，一同制定适用于本行业的团体标准，经过实验、应用、修改，不断升级，最后形成国家标准，乃至国际标准，将更有利于发挥区块链的真正优势，互联互通，打破信息孤岛。

银行，作为一个金融中介，延伸到全社会的很多行业。当银行运用区块链提升自身效率后，将有可能进而提升整个社会的经济运转效率。希望所有的区块链从业者，都能以一个开放、共享的心态去推动整个区块链生态健康的发展。相信不久的未来，银行业的区块链会迎来令人欣喜的成功。

第二节　区块链保险，让信任更加坚实

保险已经存在了几个世纪。早在 1000 年前，中国商船海员

就把他们的货物集中在一起，这将有助于支付任何个人翻船造成的损失。随着信息技术的进步，在过去十年里整个保险行业已发生天翻地覆的改变，但这一价值数万亿美元的全球性产业在许多方面仍然停留在过去。

尽管网上经纪人已成为新潮流，但许多消费者仍然乐于打电话给保险经纪人购买新保单。保单通常在纸质合同上处理，这意味着索赔和付款容易出错，而且通常还需要进行人工监管。雪上加霜的是，保险所涉及的角色构成也同样复杂，通常会牵扯到保险人、保险经纪人、保险公司和再保险人。另外，保险中存在的风险更是使产品运转的复杂程度再上一个台阶。

保险涉及的多方协作过程中的每一环都代表着整个系统中的潜在故障点，在这里信息可能会丢失，策略可能会被误解，结算时间可能会延长。这种多方协作任务恰恰是区块链技术的黄金场景，应用区块链技术后，保险将拥有一种加密安全的共享记录保存形式。

尽管区块链技术一直受到极度炒作，但它真正的杀手级应用应该存在于一些最古老的领域。区块链拥有着改变保险行业的潜力，但革新的步伐需要保险行业内的众多中介机构通过多样的激励措施来协作推进。可想而知，这一过程并不轻松。保险公司和初创企业想要应用区块链技术，必须克服重大的监管和法律障碍，否则将会陷入一个混乱的局面。更有怀疑论者指出，在一个甚至没有完全拥抱云的行业中，区块链技术面临着严重的障碍。区块链未来能否克服种种障碍成为保险行业的新标准目前还不得而知，但技术拥有着无限的可能，保险公司和区块链初创公司也已经开始着手探索保险与区块链的结合应用了。

“区块链+保险”目前明确的可能应用包括：欺诈检测和风险防范；将保险中最为关键的索赔条款从纸质保存改变为区块链账本保存，不可篡改的区块链账本可以帮助防范保险业中常见的欺诈手段。财产和意外伤害（P&C）保险；以智能合同作为执行媒介的共享区块链账本和保险单可以使财产和意外伤害保险的执行效率上升一个量级。健康保险；分布式的区块链账本可以对医疗记录进行加密保护并在医疗相关组织、个人之间进行可信共享，更便于健康保险的相关方进行数据互通。再保险；通过智能合同在区块链获得再保险合同，区块链技术可以简化保险公司和再保险人之间的信息流和支付。

一、欺诈检测和风险防范

在美国，保险欺诈平均每年会令保险公司损失 400 多亿美元，而且这种欺诈行为很难用现有的标准方法发现。将保险公司的索赔数据记录到分布式区块链账本中，将使现有的各类欺诈检测方式不再可行。通过促进区块链账本数据共享，保险公司将能减少消耗在数据层面的成本，并且有效地防止欺诈。

据联邦调查局称，美国保险欺诈（不包括健康保险）制造的总成本估计每年超过 400 亿美元。这不仅仅是保险公司赔钱的问题——保险欺诈以保险费增加的形式也会使普通美国家庭损失平均 400～700 美元。现代保险业的复杂性造成了可见性的差距，保险索赔从被保险人转移到保险人和再保险人，这是一个缓慢的、由文件驱动的过程，有许多活动部分。这就为犯罪分子创造了一个机会，他们可以利用这种可见性差距实施欺诈，让他们可以在不同的保险公司之间对一项损失进行多次索赔，或者让经纪人出售保险单并收取保险费。如果采用区块链技术，保险公司可以在分布式分类账中记录永久交易，并通过细粒度的访问控制来保护数据安全。将索赔信息存储在共享分类账中将有助于保险公司在整个生态系统中协作并识别可疑行为。

如今，保险公司的反欺诈成本主要消耗在数据层面，从公共领域和私营公司进行数据采集，然后从数据中识别过去交易存在的欺诈行为，以便更好地预测和分析欺诈活动。然而，这些公共数据包含许多用户的个人身份信息（如姓名、地址、出生日期等），由于不同组织之间存在着个人数据共享限制，所以这些数据往往不一致，这大大阻碍了全行业欺诈防范技术的发展。引入区块链技术可以在技术层面帮助保险公司之间产生高度协调，从长远来看，这可能非常有益。

区块链的反欺诈应用可以从分享欺诈性索赔数据开始，以帮助保险公司识别不良行为模式。这将给保险公司带来三大好处：消除重复预订或处理同一事故的多个索赔；通过数字证书建立所有权并减少伪造；减少保费转移，例如，在无执照经纪人出售保险和侵吞保费的情况下，保险欺诈的减少直接转化为保险公司利润率的提高，这可能降低消费者的保费支出。

区块链技术初创公司以太网（Etherisc）构建了一个区块链支持的保险产品，并于 2017 年 10 月开始公开测试。其基于加密货币的航班延误计划允许乘客使用加密货币或法定货币（如美元和欧元）购买航班保险，然后在延误发生后自动获得赔付。其他正在开发的产品包括飓风保险、加密钱包保险和农作物保险。以太网的产品是由智能合同驱动的，普通纸质合同是双方或多方之间可依法强制执行的书面协议；智能合同是安装在区块链上的两个或多个当事方之间的代码化协议，可通过法典自动强制执行。

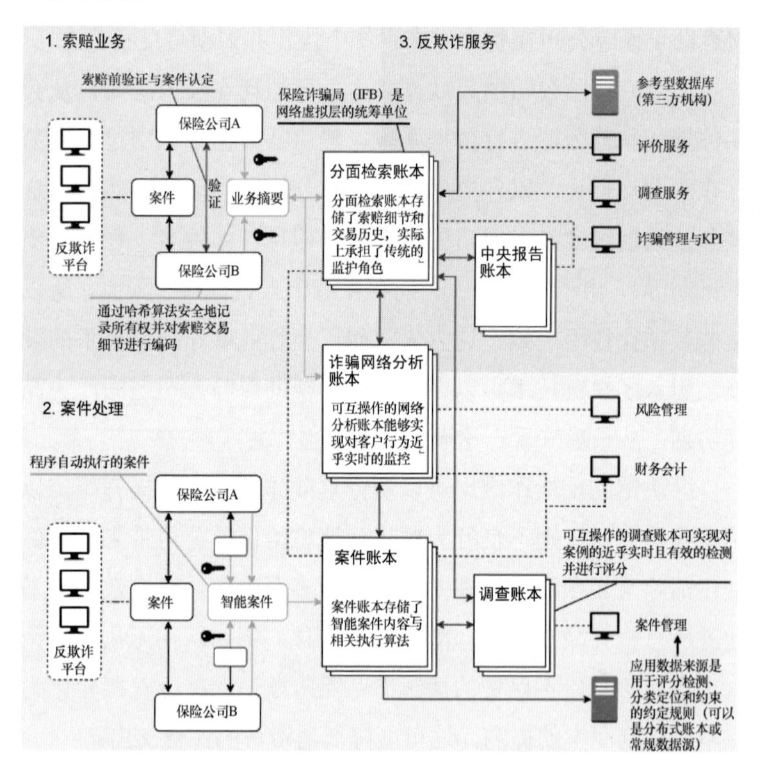

图 5-2　IBM 区块链反欺诈实施方案[⊖]

⊖ 引自：IBM blockchain 案例介绍页面。

以太网智能合同可以通过使用多个“预言”或数据源独立验证索赔。例如，在农作物保险索赔阶段，以太网公司将采集卫星图像、气象站数据和无人机视频等数据与被保险人提供的照片数据进行对比。这种自动审查可以对欺诈性索赔在接受人工审查之前就进行检测。

目前以太网仍处于早期阶段（目前只有航班延误保险获得许可），但这一案例表明，区块链作为一种防欺诈工具是确切可行的。

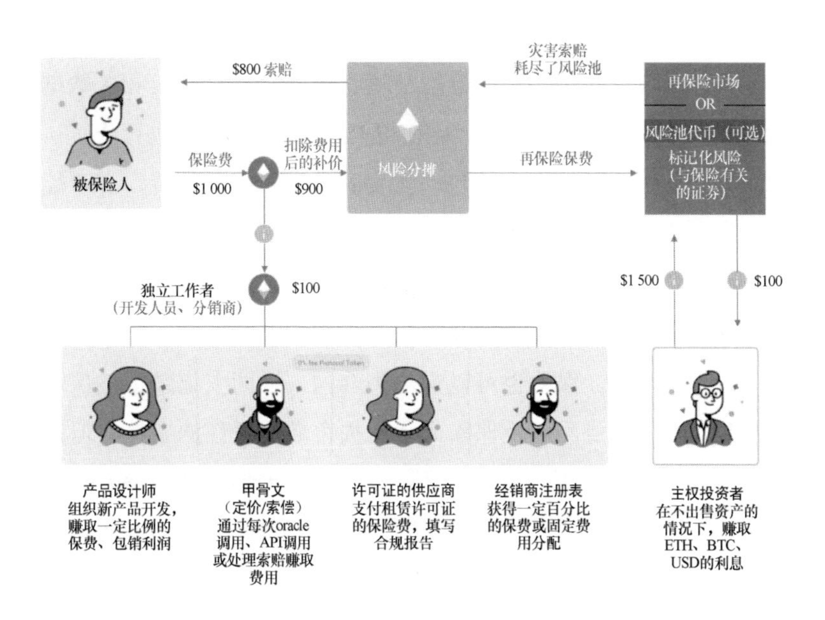

图 5-3 以太瑞思科基于其基础设施平台 DIP 开发保险类产品[⊖]

保险欺诈是保险行业面临的重大难题之一，它会导致保险

⊖ 引自：以太瑞断科官网 https://etherisc.com/案例介绍页面。

费上涨、消费者的保险覆盖面变窄。打击欺诈是区块链技术最引人注目的应用案例之一，该技术可以为保险公司提供多一层反欺诈保障，并实现可用于评估索赔的永久审计跟踪。但是保险审计追踪不仅仅对防止欺诈有用，它还可以给理赔系统带来自动化执行和高执行效率等好处，可以看到已经有公司正在财产和意外伤害保险领域对区块链应用进行试验。

二、财产和意外伤害（P&C）保险

财产和意外伤害（P&C）保险是一项大业务，占 2017 年美国所有保险费的 48%，总额为 5.76 亿美元。P&C 索赔相关数据通常分布在不同的利益方，这使得 P&C 索赔的有效进行成了一道难题。区块链技术支持自动化实时数据收集和分析，有可能使某些类型的 P&C 索赔流程比原有流程快三倍且便宜得多。自动化的“智能合同”可以大大加快索赔处理和支付速度，每年可为保险公司节省 2000 多亿美元。

通俗地讲，保险也可以是一类合同，合同上记录了被保险人支付的保险费，以及保险人承担损害赔偿责任的条件。但是“损害赔偿”可能是主观的，所以保险索赔问题主要围绕着验证每份保单的条件是否已得到满足。

处理 P&C 索赔是一个容易出错的程序，需要大量人工数据的输入和与不同方之间进行协调。假设你最近出了车祸，另一个司机有错。这时候，你需要向保险公司提出索赔，以将损失降到最小。你的保险公司需要检查索赔，然后为过失驾驶保险公司收回索赔，而该公司又会有一个完全不同的索赔处理系统和流程。正是如此烦琐的索赔流程，为区块链应用到财产和意外伤害保险领域提供了绝佳的机会，区块链拥有着改变有形资产数字化管理、跟踪和保险方式的能力。

将区块链技术应用到财产和意外伤害保险可以向保单持有人和保险公司提供数字化的实体资产跟踪和管理方式，实现自定义编纂业务规则，自动化处理索赔，永久性审计跟踪。

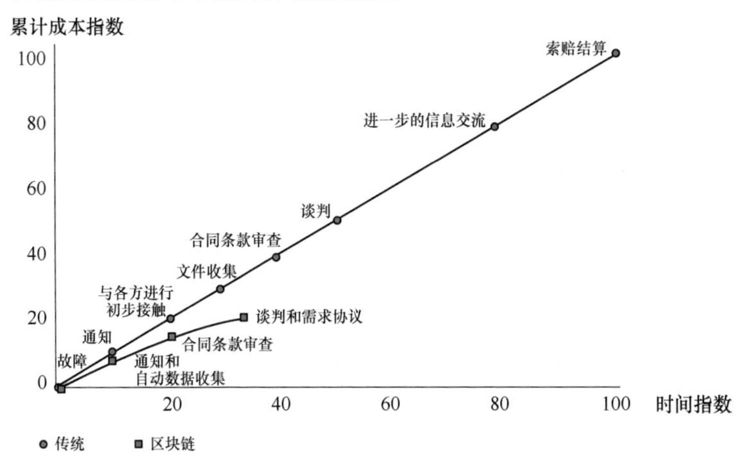

图 5-4　如何打造一家完全基于区块链的保险公司[㊀]

使用区块链技术的智能合同可以将纸质合同转化为可编程代码，帮助保险公司自动处理索赔并计算所有相关参与者的保险负债。例如，当被保人向保险公司申请索赔后，智能合同开始自动化进行索赔流程，包括确认承保范围、判别人工审查需

㊀ 引自:波士顿咨询公司分析报告。

求等。波士顿咨询公司称，智能合同每年可以为 P&C 保险公司节省超过 2 亿美元的运营成本，并将它们的运营资金比率降低 5～13 个百分点。

对于汽车保险来说，智能合同可以与汽车上的传感器相连，当发生撞车事故时，传感器会自动提醒保险公司。然后，智能合同可以召集医疗团队和牵引服务，启动索赔程序，并通知被保险人保险处理正在进行中。随着警察报告和撞车照片等新信息的出现，智能合同可以将它们附加到索赔中，以最少的人工干预促进更快的支付过程。

2018 年，包括安永（EY）、默勒-马士基、微软和美国国际保险信息化标准协会（ACORD）在内的多个实体合作推出了区块链驱动的船体保险平台 Insurwave。该平台现已投入商业使用，预计在运营的前 12 个月将处理 1 000 多艘商业船只和 50 万次自动化交易的保险业务。该集团计划在未来将其平台推广到其他类型的商业保险，包括货物、航空和物流。

Insurwave 为保险公司和被保险人提供船舶位置、状况和安全状况的实时信息。当船只进入高风险地区，如战区，该计划会检测到这一点，并将其纳入承保和定价计算。

正如区块链创业公司（R3）所说，为海上保险设定保费是“出了名的复杂”。像 Insurwave 这样的产品旨在通过建立一个不可能变的审计线索来降低复杂性，这样一个可靠的船只信息存储库可以加快索赔的提出和评估过程。它还有助于增强船主和保险代理人对数据的访问管理。船只移动、天气状况和位置等信息能够作为一个有效依据，帮助保险公司进行风险量化，帮助船主选择适合的保险类型。默勒–马士基公司风险和保险主管拉斯·亨内伯格表示，区块链技术已经开始成功地提高海上保险的处理效率，“海上保险业务涉及全球范围经营的约 350 艘货柜船只，这占用了我们大量的资源。将它转移到这个平台有助于我们实现手动流程的自动化，并减轻我们过去在海上保险交易中存在的一系列低效和摩擦成本”。

三、健康保险

患者数据的保密需求通常处于较高水准，这意味着，尽管目前医疗记录市场价值 280 亿美元，但提供者通常无法获得患者的完整病史。数据缺失会造成大量的保险索赔被拒，进而使医院每年损失 2 620 亿美元，这也是医疗成本上涨的一个重要潜在因素。健康保险行业被一个由提供者、保险公司和病人组成的庞大而低效的生态系统所困扰。医疗记录被孤立在不同的医疗保健提供者和保险公司之内，不同组织之间的重复和错误记录会导致高昂的管理费用，以及对患者不必要的程序。另外，一个病人一生中通常会去看多名医生和专家，这又将提高数据获取的难度。因为医疗保健涉及隐私、各方协调等多方面难题，所以很难在各方之间共享和协调敏感的医疗数据。

假设你正在为一条断腿去看整形外科医生。手术前，外科医生办公室的秘书需要向不同的提供者索取所需材料，还要从保险公司方获得手术的事先授权，并申请索赔。手术后，你的理疗师同样需要经历类似的烦琐流程，需要向患者索取骨折信息，向主治医师索取病历及医疗信息。这一复杂的业务链中的每个环节都代表一个可能的故障点。

共享数据和合作目前在医疗保健行业很困难，主要有两个原因：首先，医疗记录的后端基础设施已经无可救药地过时了。尽管到 2022 年，电子病历管理软件供应商的市场预计将达到近 400 亿美元的庞大规模，但不同的软件供应商和保险公司会使用不同的标准和格式来存储患者数据，数字化的医疗数据通常还需要在医院、保险公司、诊所和药房之间手工核对。一项研究写道："医学已经笨拙地从后门进入了数字化时代：庞大而昂贵的电子病历系统在很大程度上是在没有仔细和有计划地考虑其对整个医疗保健系统（包括教育、实践、工作流程和研究）的影响的情况下实施的。" 其次，严格的隐私法导致组织内部出现数据孤岛。在美国，《健康保险可移植性和责任法案》（HIPAA）的存在是为了帮助保护患者的私人数据，但其副作用是，它使得在不同的提供者和保险公司之间很难对患者进行护理协调，这带来的成本影响是十分可怕的。在美国，医疗保健管理的总支出是瑞士、加拿大、德国和法国的 1.5 倍以上。美国仅在行政需求上就花费了其医疗总支出的 8%，这主要是因为医疗机构和医生之间沟通不畅、任务冗余且效率低下以及文书工作过多。如果涉及账单以及保险索赔的话，相关的成本数字会更加惊人。《美国医学协会研究杂志》上的一项研究发现，账单和保险费用平均占所有医生收入的 14%以上，考虑到急诊室就诊，这个数字可能高达 25%。2016 年，美国医院拒绝保险索赔的数额又增加了 2.62 亿美元。拒绝赔偿的原因可能是程序授权或数据输入中的错误行为。虽然医院拿到了最初被保险公司拒绝的大约 63%的索赔，但赔付的确是一个需要大量管理成本的过程。

加密安全的区块链可以维护患者隐私，同时创建一个全行业同步的医疗数据存储库，每年为健康保险行业节省数十亿美元。区块链技术使得患者可以重新获得医疗数据的控制权，并向他们提供控制数据访问的手段以便在具体个案中进行数据共享。让他们在个案的基础上共享对数据的访问。区块链病历系统可以在分布式分类账中为每条记录存储一个加密签名，而不是强迫保险公司和提供方在不同的数据库中核对患者数据。签名以密码方式索引每个文档的内容并为其加上时间戳，而不实际存储任何关于区块链的敏感信息。每当对文档进行更改时，它都会记录在共享分类账中，从而允许保险公司和提供方审核跨组织的医疗信息。与此同时，区块链可以允许细粒度权限设置符合规定，同时允许数据匿名和共享以供研究。

医疗记录中心（MedRec）是麻省理工学院的一个分布式的医疗记录内容管理系统。它不是将医疗数据直接存储在链上，而是将区块链的医疗记录编入索引，允许获得许可的提供商访问记录。这是为了帮助保证患者隐私，同时创建一个审计跟踪，以便于在区块链查找和验证患者信息。

虽然医学数据中心仍然是一个处于概念验证阶段的学术项目，但它作为一个合理模型，能够帮助人们更好地理解如何通过区块链技术来保护医学数据。重要的是要记住，区块链技术不是医疗保险行业的灵丹妙药。如今，保险业中的连锁集团公司还需要应对重大的监管和合规障碍，才能有成功的机会。

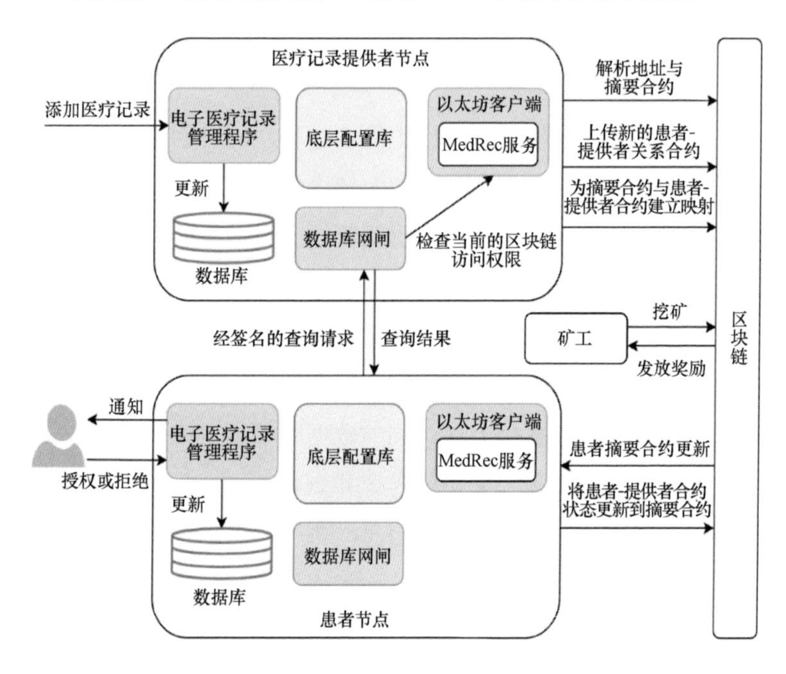

图 5-5　在分布式医疗记录内容管理系统 MedRec 中增加一个新患者记录的流程[⊖]

四、再保险

保险的存在是为了帮助人们减轻风险，降低因自然灾害、健康问题等事件所带来的损失。再保险在大量索赔同时出现时保护保险公司，例如在自然灾害期间。这可能是一个极其危险的提议，尤其是在飓风或山火等重大灾害的情况下。这就是再

⊖ 引自：MedRec 白皮书。

保险的作用：保险公司可以从再保险人那里购买保险，以在灾难发生时保护自己。区块链技术可以通过促进信息共享来降低风险，并通过自动化流程来降低成本，最终为再保险人节省高达 10 亿美元的费用。

再保险人在一个由一次性合同和人工流程决定的晦涩低效的系统中为保险公司提供保险。根据所购买再保险的类型，它可以覆盖保险公司在一段时间内的一部分风险，或者覆盖地震或飓风等特定风险。

目前的再保险流程极其复杂且效率低下。有了临时再保险，合同中的每一项风险都需要单独承保，合同签署前双方通常需要长达三个月的争论。保险公司通常会雇用多个再保险人，这意味着必须在各方之间交换数据来处理索赔。机构间不同的数据标准通常又会导致对合同应如何实施存在不同解释。

区块链技术有可能通过简化共享分类账上保险公司和再保险人之间的信息流来颠覆当前的再保险流程。利用区块链技术，保险公司和再保险公司作为区块链网络的组成方，可以同时拥有一致的关于保费和损失的详细交易，在进行索赔的时候就无须再进行对账等核对操作。通过在不可变的分类账上共享数据，再保险人几乎可以实时地为索赔分配资本，从而使他们能够更快地处理和结算索赔，而无须依赖初级保险公司提供每项索赔的相关数据。

普华永道估计，通过提高运营效率，区块链可以为整个再保险行业节省高达 10 亿美元以上的资金。这可能会逐渐降低消费者的保险费——据估计再保险费占现有保险费的 5%～10%。

表 5-1　区块链为再保险行业带来的潜在净收益

再保险企业	保费收入 单位：百万美元	管理费用占比	税前净收益 单位：百万美元	成本节约 15% 单位：百万美元	税前收益占保费收入	税前收益占保费收入（含节约成本）
Munich Re	56 070	6.3%	3 976	526	7.1%	8.0%
Swiss Re	32 691	10.3%	4 372	504	13.4%	14.9%
Hannover Re	17 157	2.9%	1 925	75	11.2%	11.7%
SCOR SE	14 830	6.5%	919	145	6.2%	7.2%
总计	120 748	6.9%	11 191	1 250	9.3%	10.3%

注：所示数据为 2016 年统计值。

B3i 是 2016 年 10 月由保险和再保险领域的一些大公司组成的财团，旨在探索区块链技术。成员包括美国国际集团、安联和瑞士再保险集团。2017 年，B3i 推出了财猫 XOL 智能合同管理系统的原型，这是一种针对巨灾保险的再保险。平台上的每个再保险合约都是以智能合约的形式编写的，可执行代码位于相同的共享基础架构上。当自然灾害事件发生后，智能合约将自动评估参保者的数据源，并计算受影响方的支付金额。

B3i 的试点项目在测试并收到 40 家公司的反馈后，于 2018 年 9 月结束，计划于 2019 年年初上线。

将区块链技术应用到再保险中能够为再保险公司分配资本和承保保险单过程提供更有效的方法，并给保险业带来更高的稳定性。再保险人可以直接从区块链中查询得到承保范围，而不是依赖初级保险公司获取相关损失数据。

虽然区块链技术仍处于初级阶段，但在整个保险业中已经有了许多有前途的用例和应用。安联和瑞士再保险等大型保险公司以及小型区块链科技初创公司都有采用这一解决方案。但是，即便业界对区块链的结合应用拥有浓厚的兴趣，但距离它能真正应用到保险行业并改变这一行业，还有很多领域需要研究。从行业角度来看，保险公司需要围绕区块链技术内部的标准和流程进行调整。区块链技术的确有更好地促进保险公司进行协作和共享数据的可能，但保险公司本身还需要愿意进行互通协作。同时，区块链技术本身也需要继续发展。对公有链来说，任何人都可以访问分类账上的每笔交易，但出于隐私和安全考虑，对保险业来说是不可行的。私有链和联盟链也仍在积极地发展中。最后，保险业受到高度监管，以保护消费者免受侵害，保险公司不会承担太多风险和破产。保险的法律和监管框架也必须进一步发展，为区块链结合应用的成功落地提供明确的指导。

近期我国在进行食品安全责任险的推广，对一些大家较为关注的产品推行一些强制的保险制度，特别是婴儿用品。2019 年 5 月 20 日，中共中央国务院发布《关于深化改革加强食品安全工作的意见》，指出推进区块链等技术在食品安全的应用。生产型企业在生产相应食品的过程中，可以在每个时间点上都使用保险公司提供的基于区块链技术的软件，使每个时间节点和每个技术上面，都能做到可观测、可控制。与此同时，运用这个技术之后，老百姓可以实时观测到食品在生产环节上出现了哪些问题，以及处理这些问题相应的措施。这样就形成一个社会共治的模式，使食品更安全。这种社会共治模式需要保险公司参与进去，但是对保险公司来说，对某些生产型企业是完全不了解的。那么人们在推动这个制度出台的同时，也在推动可溯源体系的建设。

可溯源恰恰是区块链技术拥有的主要特征之一，区块链链式数据结构中创世区块后的所有历史数据都遵循着前后区块链式连接的规则，这使得区块链上的任意一条数据皆可通过链式结构追溯其本源。保险业与区块链技术的结合，首先需要明确的是双方特点的结合。区块链具有非对称加密、分布式存储、全网共识、不可篡改、去中心化等一系列特点。保险业作为金融业中的一个重要分支，与其具有一个共同特点，即会计功能和统计功能。以前人们是通过使用一些记账模式，来实现会计功能和统计功能。从最早的单式记账法，到现在主流使用的复式记账法。经济社会的突飞猛进发展，与记账法的发展紧密相关。单式记账法到复式记账法的转变，为我们提供了一个重要的技术知识支撑。

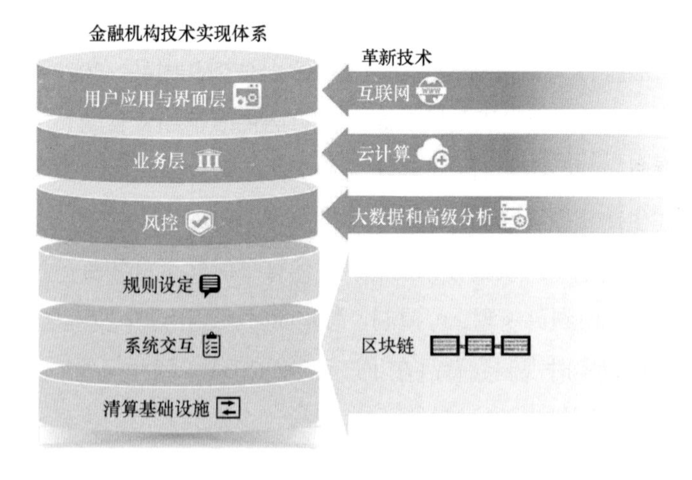

图 5-6　金融机构技术实现体系[⊖]

⊖ 引自：麦肯锡区块链报告《银行业游戏规则的颠覆者》。

区块链技术发展到今天，跟金融业、保险业的关系又是什么呢？区块链技术实际上是创造了一种新型的记账模式。从金融的角度来讲，它是一个分布式记账的账本。而分布式记账模式，未来会成为金融行业和保险行业重要的基础设施。区块链技术有它自己的一个自治、透明的机制，这种机制与金融行业和保险行业息息相关，因为金融行业和保险行业实际上是一种信用行业，在进行信用管理时，要让信息更加对称，信用才会更透明，才会更容易被估值、被评估。所以在将区块链和保险行业相结合的方面，应用自治和透明这种特性，为保险行业和金融行业建立信用机制，能提供一个非常良好的支持系统。

区块链+保险的应用在国际上已经有很多，比如美国 MLS 共享房屋系统公司，利用区块链来为用户提供保险产品。英国是成立了以再保为主的区块链联盟。值得一提的是新加坡的全球区块链相互保障合约市场（Medishares），它是基于以太坊的去中心化、相互保障的合约平台，这个平台是由社群自治管理和运作的，世界上任何组织和个人都可以通过其锁定 MDS 平台，来获得相互保障的赔付资格，从而获得合约指定的保障。

在区块链这样一个生态系统下，所有的行为都是可溯源、可监控的，同时也是全网告知的，它会带给人们一种新的制度模式。所以最终人们会从原来的传统信任、合同信任变成机器信任，这种信任关系的重构对未来是非常重要的。在区块链技术中，有一个分布式自组织模式，这种模式会使未来消费者主动参与到保险的设计过程中来。在未来，随着区块链+保险的生态构建，传统保险公司的角色将会发生一定的变化，可能会转变为专业的咨询和相互资金管理的角色。在区块链+保险生态构建的过程中，保险业只是其中的一环，因此我们需要鼓励社会，在这个过程中共同推进生态圈的建设，共同构建一种新的生态模式、新的思维模式、新的发展模式，来推动保险行业向前发展。

第三节 趣链科技——基于区块链的应收账款平台介绍

随着国家监管政策不断落地，C 端消费金融行业的发展已迎来凛冬。相反，B 端供应链金融仍是一片蓝海，其凭借与产业高度融合的特点，吸引了众多商业银行、第三方支付机构、电商巨头、物流企业、P2P 公司由 C 端转向 B 端布局。

然而，国内供应链金融行业依旧存在很多不足之处，如信息的不对称，信任无法有效传递等，这使得供应链融资的风险也在逐渐引起人们的重视。而区块链具有的"数据难以篡改""数据可溯源""透明化"等特性恰好可以有效地解决这些问题。在信息公开透明方面，公共区块链能够实现向所有人透明公开交易数据，又能保护交易相关方的隐私数据不被泄露，这一手段能够有效防止资金的非法流通。同时，每一笔交易全网同步，被永久记录，不可篡改。如此，以区块链为基础的飞洛供应链金融平台应运而生。

飞洛供应链金融平台是趣链科技有限公司打造的基于自研区块链底层平台（Hyperchain）的链上供应链金融平台。目前业务包括应收账款、资产证券化、信用保险、数字仓单、物流供应链、绿色能源等。以下重点介绍两个代表性业务。

应收账款业务：通过标准化数字资产凭证“金票”，在平台中实现应收账款的在线流转、融资和拆分，解决了中小企业融资难、融资贵，产业链条信息不透明，核心企业信用堰塞等问题。

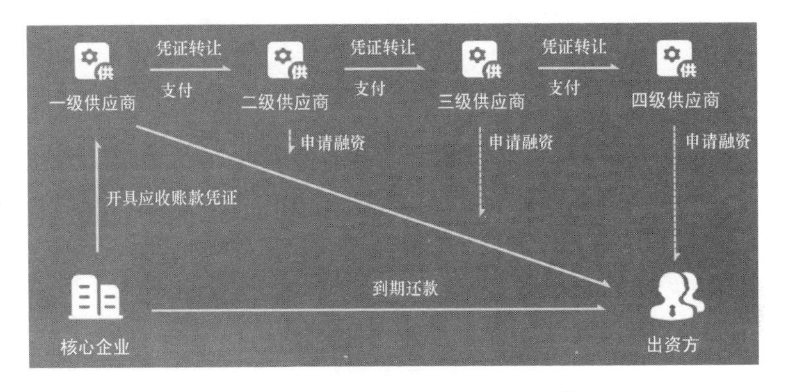

图 5-7　飞洛应收账款方案业务架构[㊀]

信用保险业务：供应链企业通过信用险增信，使得信用风险得到更大范围的分散，满足企业低成本融资的诉求。可以为中小企业增信，解决企业融资难题；实现供应链金融体系的信用穿透；同时标准化企业信用，降低风险。

相对于传统方案，趣链科技的解决方案有以下特点：

（1）信息对称：分布式账本技术实现了信息对称。应收账款作为数字资产被安全、完整、永久地登记于所有的区块链节点，实现了平台各参与方的快速确认和实时共享同步，解决了

㊀ 引自：飞洛供应链官网。

核心企业、成员企业、出资方、保证方、保理商等参与方之间的互信问题。

图 5-8　飞洛信用保险方案业务架构[⊖]

（2）拆分流转：单张凭证可在面额内任意拆分转让，拆分过程未放大原信用风险，拆分出的凭证均承载核心企业信用。

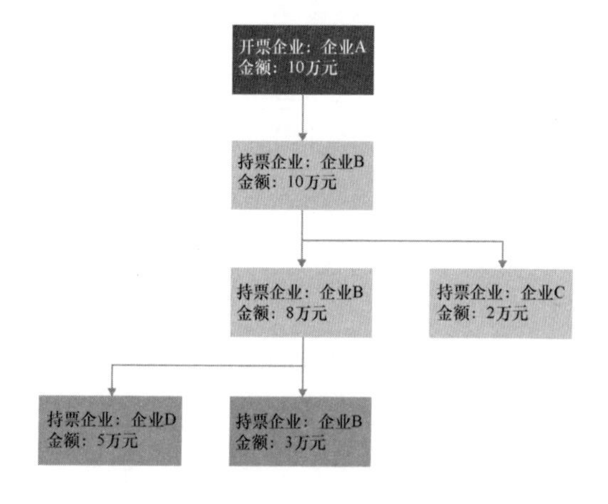

图 5-9　趣链科技基于区块链的应收账款平台凭证拆分流转

⊖ 引自：飞洛供应链官网。

（3）拆分融资：一张期限为 90 天的凭证，经三次拆分融资，比传统无法拆分的融资方式能节省更多的利息。小微企业可根据实际资金需求在凭证面额内进行拆分融资，降低了融资成本。

（4）BaaS 模型：能够将全云端在线区块链平台与服务便捷地开放给众多核心企业，核心企业及其产业链各级上下游企业可以快速入驻并开展业务，实现平台快速推广和业务的低成本迁移。

总之，飞洛供应链金融平台降低了整个产业的融资成本，使区块链技术成为了优质资产的“挖掘机”，同时其穿透式的监管也在推动供应链金融的健康稳定发展。

第四节 蚂蚁金服——基于区块链的金融“暖”科技

阿里巴巴集团的区块链业务主要由蚂蚁金服的区块链开展，蚂蚁区块链被评为 2019 年度福布斯全球区块链 50 强，荣获 2018 年度世界互联网领先科技成果奖，为阿里巴巴贡献了全球排名第一的专利申请数量，其运营的阿里云 BaaS 被 Gartner 评为全球六大领先区块链技术云服务商之一。

成立于 2016 年的蚂蚁区块链，经过多年的技术研发投入，已经完成能够支撑 10 亿级账户规模的区块链技术，通过并行 BFT 实现秒级交易确认和 100+ 节点高效共识；支持多种计算模型，提供基于 TEE 的节点密钥管理，和基于 TLS 协议的端到端全程加密数据传输，加密和解密的速度比业内普通的算法快六倍；UDAG 跨链数据路由协议支持蚂蚁跨链的弹性扩容，已经拥有每秒 10 万以上的跨链消息处理能力；对数据的压缩和对数据进行冷热分离的技术可降低一半的存储成本。

以蚂蚁金服的技术价值观“暖科技”为导向，蚂蚁区块链已在钻石采购来源追溯、电子处方流转、大宗商单流转、智慧租房、公益慈善、医保快赔等多个领域进行了落地。

一、让跨境汇款更便捷

在香港有超过 20 万菲律宾劳务输出者，她们希望把在香港挣到的劳动所得第一时间汇给远在菲律宾的家人。汇款方式通常只有两个选择：第一，去汇丰银行（HSBC）的柜台排队办理跨境汇款业务，这笔汇款转账不但需要 10 分钟甚至几天不等的时间，才能确认是否成功，而且每次跨境汇款还需要支付一笔不菲的手续费。第二，通过地下钱庄进行转账，这个过程不但资金安全难以保证，而且出了纠纷难以维权。蚂蚁区块链于 2018 年 6 月 25 日推出了全球首个基于区块链电子钱包的跨境汇款服务，在港工作 22 年的菲律宾人格蕾丝，从港版支付宝 AlipayHK 向菲律宾钱包 GCash 的跨境汇款只需三秒即可到账，而且过程中所有参与方银行及本地监管机构均可同时看到这笔跨境汇款信息，不但省钱省事而且安全透明。在菲律宾，GCash 钱包在收到加密货币后即可消费，其间的日终资金清算和外汇兑换由渣打银行负责完成。传统的跨境汇款资金从汇出机构到收款机构需要经过多个中间行。区块链通过分布式账本连接了跨境汇款的各参与方，对用户而言，全程可追溯，可随时通过手机操作，并享受更低的手续费与汇率；对银行而言，区块链分布式账本提供了实时可信的信息验证渠道，可以查询每一笔相关汇款的轨迹；对于监管机构而言，区块链分布式账本也提供了全程监控的透明度，以便实时进行更高效的风控。在更大范围的东南亚甚至全球，不同行业每天都发生着频繁的跨境汇款，尤其是小额的跨境汇款，相信基于区块链的跨境汇款会让各地人民享受更普惠的金融服务。

二、让跨城出行更方便

长期差旅的商务人士或许会有这样一个痛点，在不同的城市乘坐地铁时，需要办理每个城市的地铁卡或者下载对应的App，卡管理或 App 管理十分不便。目前跨城出行最大的难点在于无法进行异地票务结算，每个城市的轨道交通，由不同的公司运营，并使用独立的账户和数据系统。为此，蚂蚁区块链率先推出了用于轨道交通的地铁“通票”，长三角区域的居民只需要使用自己所在城市的地铁 App，就可以在长三角其他城市扫码乘坐地铁。在乘客使用地铁 App“滴”的一声刷卡进出站的背后，每个城市的地铁公司可以在蚂蚁区块链上获取对应乘车的区段、价格，并实现自动秒级的结算和分润。这就是蚂蚁区块链推出的“长三角扫码互联互通项目”，这个项目通过引入区块链技术，除了能够让用户获得无感流畅体验外，对于地铁运营部门而言，也有利于实现用户信息、行程信息、结算信息甚至因扣款异常导致的失信信息的数据共享，并且每家地铁运营公司对自己的核心业务系统仍具有自主把控、自主管理的权限和安全独立性。截至2020年春运启动的第一天，蚂蚁区块链的“长三角扫码互联互通项目”已接入12个城市，包括上海、宁波、杭州、温州、合肥、南京、苏州、无锡、徐州、常州等，覆盖 1 842 千米的里程，累计节省排队时间可绕地球飞行万余次，为人们在春运期间使用市内轨道交通出行带来了便利。借助支付宝异地扫码技术，蚂蚁区块链正在把“长三角通”推向“全国通”。

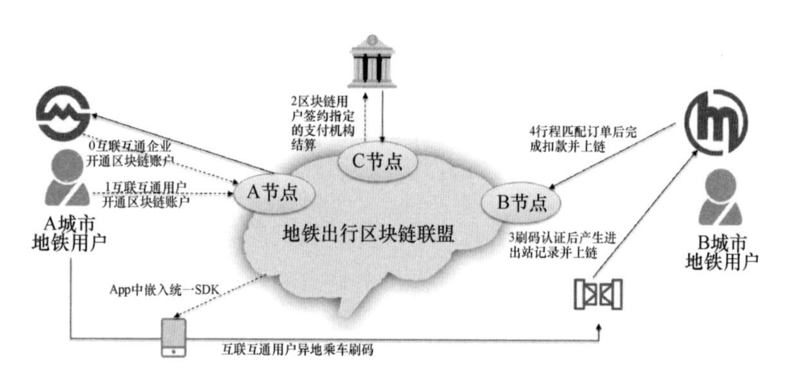

图 5-10　蚂蚁区块链长三角地铁出行互联互通

三、让小微贷款更轻松

2019年7月30日，成都百脑汇“冠勇专卖店”，一家注册资本仅30元的小微企业在蚂蚁区块链上完成了第一单融资。在当前的供应链金融中，像“冠勇专卖店”这种小微企业是很难获得银行金融服务的，主要原因有两个：一，处于长尾分布的小微企业通常除了“应收账款”，几乎没有其他可以用于银行抵押的资产；二，当前供应链上下游企业提供的贸易背景和订单数据的真实性由于“萝卜章、假合同”的存在而难以评估验证。为此，蚂蚁区块链推出了基于区块链的供应链协作网络“双链通”服务，双链就意味着连接区块链和供应链，有效解决了当前供应链金融中小微企业融资难、银行风控难、政府监管难等一系列痛点。在基于区块链的供应链金融“双链通”中，所有参与方首先要进行身份确认，数字签名实时上链；在核心企业信用得到验证后，以核心企业的应收账款为依托，将供应链上下游中小企业付款保函等上传至区块链，让核心企业的信用在“双链通”内逐级流动；银行、保理商以产业链上各参与方的真实贸易为背景，并通过区块链技术监管授信资金去向，监管应收账款的传递路径、杜绝资金挪用，让核心企业及其上下游供应商得到及时的普惠金融服务。而“冠勇专卖店”，就是以其上游企业中科大旗在区块链上的技术资质和应收账款为依托，共同得到了成都中小企业融资担保有限责任公司的授信。基于区块链的供应链金融“双链通”平台，已有超过 3 万家企业获得了融资服务，尤其是对处产业链最末端的小微企业，可将原本需要三个月的账期占用时间缩短至一秒。据统计，我国中小企业的数量达到 3 000 多万家，占企业总数 90%以上，贡献了全国 50%以上的税收、60%以上的 GDP、70%以上的技术创新成果和 80%以上的劳动力就业。基于区块链的供应链金融将有效帮助中小企业获得普惠金融服务，提升应对“黑天鹅”的风险抗击能力。据市场预测到 2023 年，区块链可让供应链金融市场渗透率增加 28.3%，带来约 3.6 万亿元规模的市场增量，蚂蚁区块链的“双链通”平台也会覆盖更多行业的中小微企业。

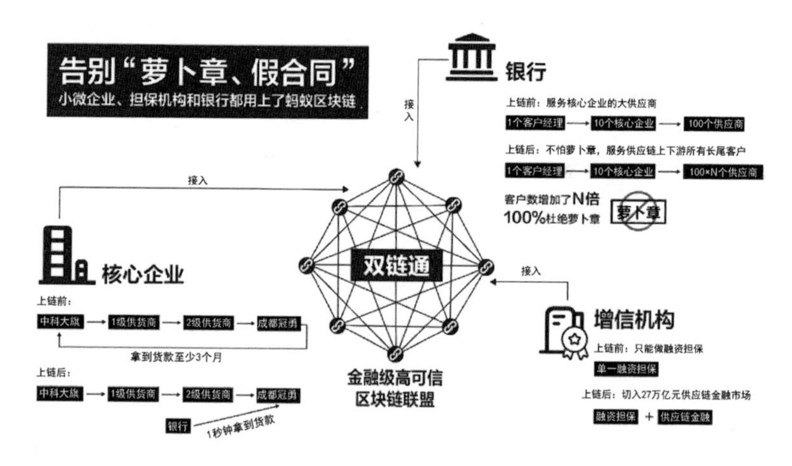

图 5-11　蚂蚁“双链通”让小微企业享受普惠金融

第五节　IFTip——基于区块链数字资产的社群打赏机器人

“连接你与区块链的无限可能”，是 IFTip 区块链打赏机器人的目标。为此，IFTip 以社交打赏作为切入点，旨在打造社群服务+区块链数字资产+人工智能的入口。 IFTip 是由深圳再禹科技有限公司研发的一款跨平台的数字资产打赏机器人，它以插件方式连接微信、Telegram、推持、微博等多个 IM 平台，用户通过给 IFTip 打赏机器人账号发送口令就能够进行打赏、发放红包等操作，进行社群的管理和运营。IFTip 打赏机器人具有以下两个引人注目的意义。

一、降低用户使用区块链的门槛

IFTip 会为用户自动创建一个独有的数字资产钱包，这是一个基于用户当前社交账号通过密码学算法生成的轻量级数字资产钱包，不需要记录复杂的私钥和助记词，几乎对用户是无感知的。通过把 IFTip 打赏机器人加入到微信、Telegram 等群聊中，用户可以利用快捷指令，让 IFTip 机器人进行各种账户操作，就像发微信或短信一样方便，包括数字资产转账、查询数字资产余额、使用数字资产打赏、发送数字资产红包雨、口令红包、抢答红包、新人入群红包、运气红包、数字资产价格查询、撩友等众多有趣的玩法。在整个使用的过程中，用户并不需要理解区块链密码学原理，也不需要输入复杂的区块链地址即可实现链上转账，让普通老百姓也能零门槛地使用区块链数字资产。IFTip 本质上是一种基于区块链数字资产的 Chatbot，实现了社交与区块链的巧妙融合，有利于区块链应用的普及和发展。

当然，在用户通过社交平台轻松、有趣、无感地使用区块链的背后，是 IFTip 强大的区块链技术支持，其中 IFWallet 作为多链数字资产管理平台，能够为用户实现便捷的充值与提现，已支持 BTC、BCH、BSV、LTC、ETH、CET、FCH 及 SLP、CET、ERC-20 等千余种区块链数字资产；IFBlock 作为链上数据解析引擎，能够让用户直观查询到每笔区块链数字资产流转的过程，已处理链上数据 10 亿条，并为链上数据服务奠定了基础；账号矩阵则实现了微信、Telegram、Line、Messenger 等主流即时通信平台的对接、账号的互备等。

图 5-12　查询数字资产余额

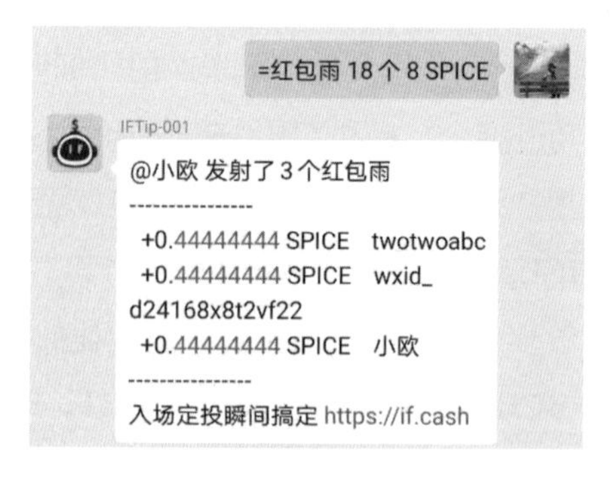

图 5-13　在微信群里撒数字资产红包雨

二、成为社区管理与运营的利器

无须像微信一样输入密码和确认接收才能完成电子红包的

发送和接收，用户通过与 IFTip 机器人的私聊或群聊即可完成丰富的区块链数字资产操作。比如运营人员可以通过红包雨、口令红包等方式快速发展社群用户，甚至可以在群里设置邀请奖励，每邀请一位用户，邀请者与被邀请者均可以获取数字资产奖励，这种激励机制可以激励社群用户的爆炸式增长，迅速扩大社群的覆盖面，实现病毒式扩张。

2020-05-08 打赏机器人 统计

总入群数	869
总群人数	134555
总钱包数	5020158
总打赏人次	1694518

图 5-14　IFTip 微信社群数量月增长情况

IFTip 机器人注重用户之间的情感和交互，具有多项活跃社群氛围的功能，包括破冰红包、运气红包、今日币女郎、口令红包、抢答红包等功能，用户的情感通过数字资产交易来表达，不仅能及时获得响应，更提升了用户的体验感，让区块链在社交媒体中落地生根、开花结果。比如 IFTip 可以有效辅助社群运营人员管理群组、组织 AMA（Ask Me Anything）、解答用户提问，帮助用户快速了解活动和业务，同时鼓励好的发言，打击垃圾信息，提高了社群发言的价值。截至 2020 年 5 月 5 日，IFTip 已经进入了超过 1 500 个社群，积累了约 50 万用户，并且这一数字还在飞速增长。

IFTip 在社交媒体+区块链领域的有益实践，将极大地促进社群的建设和数字货币的普及，在使用的过程中也能潜移默化地影响人们，让人们离未来的潮流方向更加接近。相信在未来，IFTip 还有可能成为连接人与区块链、人工智能和物联网的枢纽，辅助人们实现物理世界和数字世界的映射与交互，解决现代社会更加复杂和精细的分工、协作、分配问题。

图 5-15　IFTip 打赏机器人的账号矩阵及用户数情况

第六章

区块链+政务

第一节　区块链是解决政务问题的利器

当前政府公共事务中存在大量低效纸媒流程，成本高、程序烦琐，同时大量人工操作的存在削弱了信息准确性，且极易滋生腐败。这些问题，长久以来一直困扰着公共部门。而区块链为政府创造了一个可信的数字化环境，可以很大程度上改善公共事务中跨部门的、冗长的、成本高昂的操作过程。

在数字化、互联网化已高度发展的今天，政府部门仍保留着大量过时且低效的操作手续及流程。随着区块链的发展，淘汰纸质流程的时代已离人们越来越近。区块链，以其在安全、可靠、可审计、可追溯方面的技术优势，已成为满足现代政府运营需求的完美平台，可以为公民带来更高效的投票、信息记录存储、税务、医疗保健等公共服务。它还将提高政府与世界其他国家政府合作的能力。随着越来越多的公民对速度、透明度和无信任交易的高度期望，各国政府都已开始探索区块链在政府运营和公共服务领域的多场景解决方案。

基于区块链的数字政府可以保护数据安全、简化政务操作流程、减少欺诈和职权滥用、降低人工成本、同时提高政府公信力。在基于区块链的政府模型中，个人、企业和政府使用密码技术保护分布式分类账、实现资源共享。这种结构不仅能消除单点故障，还能保护敏感的公民和政府数据信息安全。

在区块链逐渐进入人们的视线后，其透明可信、可追溯等特性使“政务+区块链”自然成为一个极具话题的应用方向。而具体应用大致可被分为四个方面：一是个体身份认证，二是信息公开及流程监管，三是数字信息安全，四是流程简化。

（1）个体身份认证：区块链的一个重要特点是——有能力促进不以信任为前提的、需要纸质流程核查的交易以数字化形式自动完成。例如，公民可以创建一个区块链身份证，凭借分布式分类账技术同政府部门开展无欺诈、实时的交易、交互操作。当公民共享自身数据信息时，这些数据将被安全地存储在区块链上并加强个人隐私。政府部门在获得授权后可访问相关数据，但数据所有权仍完全属于公民。同时，所有交易、交换流程将不再需要繁杂的纸质文件来进行背书，从而得以更高效地开展。

（2）信息公开及流程监管：凭借区块链的不可篡改、公开透明等特性，公民可以查看通过区块链核实的每一笔现金流和交易。公共记录数据将更加准确可信。从这一角度来说，区块链将有助于加强政府与公民之间的信任关系，对于公共事务的投票也可以以更高效、透明的方式进行。

此外，当政府预算中有大量资金被认为是不可调节的资金时，调节过程就会变得冗长和昂贵。这也妨碍了未来准确的预算项目，并使事情难以解释。而区块链的会计系统可提供不可变的交易分类账，甚至可以与预先编程的智能合同自动对账，该合同旨在根据特定事件对账转账。

（3）数字信息安全：在个人信息价值越来越高的今天，网络黑客的目标已经慢慢向电子政务系统转移。这些黑客使公民的隐私受到威胁，政府也因此损失了大量公信力以及资金。目前，越来越多的日常场景要求公民以书面和在线方式披露个人信息，由此造成的个人信息泄露正飞速蔓延至几乎所有领域。而区块链技术，为政务场景中的个人信息安全提供了解决办法。得益于区块链的分布式数据存储方式、高昂的造假成本，使黑客对政务系统的攻击难度提升。传统电子政务系统中，黑客只需侵入一个服务器或一套云存储系统就能获得数据，而在区块链电子政务的时代里，他们需要同时搞定遍布在各个地区的成千上万个服务器节点。通过消除单点故障，区块链显著增强了政务系统的安全性。

同时，智慧政务的关键一点，是政府需要利用公民的数据进行分析和预测，从而完成预算调节、公共安全规划、人口分析等政务的开展，提供给公民更优质的公共服务。从这一点来说，政府的数据存储越安全、真实、准确，政府就越能对未来做出更好的决策。区块链能够有效防范数据信息被篡改，因此有助于提高数据可信度。对数据真实性的确认，对于全球政务系统的发展来说具有重要意义，这将极大改善包括身份、居住管理等在内的政务服务质量。

（4）流程简化：在社会新闻中我们曾看到政府要求公民证

明“我是我”“我妈是我妈”这样的离奇事件，虽然听起来很是荒诞，但却是现实生活中确切存在的问题。如果人们可以在没有第三方的情况下通过区块链进行验证和认证，通过智能合约自动完成操作，并实时更新数据信息，就可以显著降低甚至消除政务操作中人工流程耗费的时间、资源和成本。

区块链在公共部门有许多可能的应用。通过区块链技术，公民可以利用唯一且不可被篡改的电子身份，简化政务互动流程，从而提高生活质量；政府可以改善他们提供服务的方式，防止税收欺诈，消除官僚主义，减少浪费。

电子居住计划：未来，公民可以通过在区块链平台申请并核实的电子身份证实现投票、纳税行为，并以更安全、更精简的方式执行其他相关的公民身份程序。区块链电子居民身份认证同样具有唯一性、不可篡改性，可以有效证明公民身份。所有的政务事务流程都可以通过电子居住身份转移到区块链，以实现数据存证、简化互动流程。对于拥有全民医疗保健的国家来说，使用区块链平台后可以集成从银行交易到医疗处方的一切操作及历史数据。当今世界上，近 1/6 的人口缺乏有效证件用以证明他们的存在，因此也失去了获得公共服务的机会。而区块链，可以帮助这 1/6 的人口建立数字身份，让他们同样有机会接受教育、金融、移动通信等公共服务。

政府记录存储：区块链可为结婚证、离婚记录、死亡证明、护照、签证记录、财产所有权、车辆所有权和公司注册等信息提供更加安全、不可篡改的存储方式。大量的记录管理工作为政府部门增加了人工成本及资源的投入，使用区块链存储，这种管理会变得更容易、成本更低。同时，减少人为参与的程度，也会从一定程度上提升信息的准确性、安全性。

区块链技术是改善政府服务和促进更透明的政府与公民关系的潜在工具。分布式技术可以通过更高效、更安全的数据共享来显著优化业务流程。政府实践中的区块链干预对于各个部门都有很强的增益，从医疗保健福利到社会保障福利的分配，再到改进的文档管理和存储。分布式技术为政府实现更精简的运营和削减人工成本带来了希望。区块链可以潜在地减轻全球人口的高税收，通过构建一种新型的分散和自治的基础设施来重塑信任。区块链正在引发全球数字经济竞争的新态势，相信在未来，人们将不断在全球范围内看到政府对于区块链技术不同程度的采纳。在区块链技术的参与下，政府流程中曾经出了名的官僚主义和低效服务将被大大颠覆。同时，在不需要第三方监管机构的情况下，腐败和欺诈事件也将得到有效防控，数据隐私权将真正得到尊重，通过共识、智能合约等技术，在政务系统中，不互信的个体之间也可以实现自动化交互。

第二节 启迪区块链——可信智能数字基础设施 TDI

我国产业的信息化发展正在经历从“云上”向“数上”过渡的阶段。从 2000 年至今，全球数据总量年度变化曲线呈现几何级增长，可以说，数字时代正全面来临。未来 50 年，数据、算法、知识将成为主导数字时代的核心要素。然而各行业的数字化、信息化之路也并非一帆风顺，“网络互通难”“信息共享难”“业务协同难”似乎是阻碍所有行业信息化发展的普遍问题。这些问题，在具有大量跨部门/跨地域协作、信息交换共享等业务需求的政务、金融、医疗等领域，表现得尤为突出。

在“区块链+”的实践之路上，仅仅实现存证上链是远远不够的，如何深挖区块链的技术价值，打通产业链上各环节的数据，实现跨域、跨组织机构的深度协同，才是未来数字化时代，突破传统行业信息化、数字化瓶颈的正确方向。

启迪区块链集团构建的可信智能数字基础设施 TDI，以技术手段实现了数据的所有权、使用权、操作权三权分置，为解决数字社会最核心的可信数据交换问题，提供了切实可行的思路。

数据所有方、数据执行方（操作方）、数据使用方共同构成了当今繁荣的大数据生态。其中，各数据所有方拥有局部的、不同领域的数据，这些数据将成为数字时代的核心资产。数据使用方可能是需要通过历史病例数据开展新药研发的医疗机构、可能是需要用户行为数据进行精准营销的商业公司、也可能是需要部分行业数据分析结果用以完成论文报告的高校研究生。总之，数据使用方需要的是大数据分析结果，而非数据源本身。站在数据所有方和使用方之间的，是数据的操作者，数据分析的执行方。他们提供了算法、算力、技术模型、以及数据分析的可执行环境，也是连接数据所有方和使用方的一座桥梁。在之前的大数据时代里，或者说在今天根深叶茂的互联网时代中，这三方并没有得到明确区分，数据权益不清晰，数据的共享、交换、使用，实际上处在一种“滥用”的阶段，而滥用必然导致矛盾的激化。

数据的高度集权造就了互联网 2.0 时代的一座座数据高塔——即互联网巨头们。使数据提供方没有获得应有的权益，数据执行方可以随意取用数据甚至泄露数据，数据使用方不能获得有效的分析结果。

启迪区块链构建的 TDI 可信智能数字基础设施，旨在以技术手段实现上述角色之间的“三权分立”，建立数据“可用不可见，可见不可取”和“阅后即焚”的使用规则。通过数据确权，厘清数据责权关系，实现数据在合规场景下的合规交换与资产化。

作为具备应对大规模数据的线性扩展和复杂业务系统间交互的数字基础设施，TDI 可以很好地解决政府部门、医疗机构等不同组织之间的大数据流转问题。TDI 的功能模块包括：中控路由、数据清洗、数据接入（根据业务输出数据查询 API，简化查询流程）、目录链、数据交换、BaaS 平台。其中，核心功能模块如下。

（1）中控路由：该模块基于区块链+智能合约技术，保证全平台操作流程安全可控。通过沙箱机制和等保分级交换库实现源头控制，分离数据操作权和数据所有权，防止数据泄露；通过区块链节点审批控制，保证数据开放平台的安全；通过智能合约算法控制，保证数据按约定规则共享开放；通过从区块链平台获取各合约开放权限，保证数据不可篡改，实现过程控制；通过区块链全程留痕，保证全局控制、可追溯。

（2）目录链：通过对各数据提供方的数据目录上链的申请到审核的全流程，来解决数据的权属问题，防止信息篡改，确定数据所有权。同时，部署在本地数据库的探针可实时检测本地数据目录的变化，并将本地目录的变动同步到目录链。

（3）数据交换：部署有智能合约管理平台，负责合约的创建、管理和安全执行；审核系统方便第三方监管机构对智能合约的审核与管理；数据计量计费系统在数据提供方、数据使用方、平台管理方、监管方、银行五类主体之间通过智能合约实现可信数据交易结算。

（4）BaaS 平台：TDI 系统建立于启迪区块链 BaaS 平台之上。基于可定制化的底层区块链技术、功能完备的区块链核心组件、多样化的接口，该 BaaS 平台可以帮助企业快速部署区块链技术，对区块链网络运行状态实时监控，降低企业对区块链的入门门槛，同时满足不同用户群体的差异化需求。

此外，在数据资产化过程中，TDI 系统还能通过区块链商业模式的设计，为数据所有方带来可持续的收益，从而激励数据所有方分享数据，促进行业发展进步。数据使用的频次越高，数据拥有方获得的收益越大，此举可将数据变成真正意义上的“石油”。

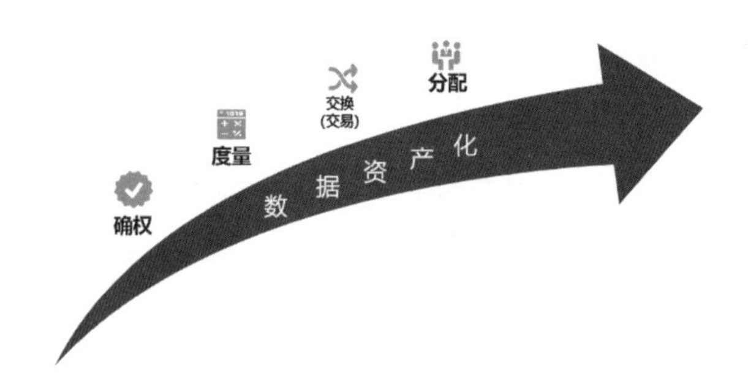

图 6-1　启迪区块链数据资产化过程

目前，TDI 可信智能数字基础设施已在海南省政府、云南省政府、深圳海关等多地政企机构进行试点，实现跨系统、跨部门、跨业务的数据价值流转，支撑各协同部门的大数据服务和可信交换，探索形成多部门协作、价值共享的数据产业生态圈，推动行业管理和社会生产要素的网络化共享、集约化整合、协作化开发和高效化利用，提升数据流通能力、确保数据的安全流转、明确数据权属、打破数据孤岛，打造新一代可信智能数字基础设施。

第三节　全链通——区块链证人为互联网司法作证

2020 年 2 月 26 日，北京互联网法院针对原告上海××文化传播有限公司与被告泉州××商贸有限公司、被告北京××××电子商务有限公司侵害作品信息网络传播权及不正当竞争一案做出一审判决［（2019）京 0491 民初 41491 号］，裁定被告泉州××商贸有限公司侵害原告上海××文化传播有限公司信息网络传播权的行为及不正当竞争行为成立。判决书中提及“原告委托诉讼代理人×××申请《全链通区块链固证文化证书》”“原告主张的公证费、律师费没有票据提交，但考虑本案确有律师出庭及区块链存证，本院予以酌情支持”。上述判决说明，全链通有限公司“链上壹法”司法区块链存证平台所生成的区块链固证证书被法院作为直接证据予以采纳。

“链上壹法”是全链通有限公司自主研发的基于区块链的司

法存取证产品，旨在为司法存取证提供便利性、专业性、精准性和权威性。“链上壹法”先后通过国家网信办区块链信息服务备案、国家工业信息安全发展研究中心司法鉴定所安全评测；“链上壹法”底层区块链平台“獬豸链”已经通过国家工业信息安全发展研究中心评测鉴定所检测，并于2018年成为北京互联网法院“天平链”首批应用接入节点。目前“链上壹法”已经成功接入天尚律师事务所等近百家律所及其他行业机构。

图 6-2 “链上壹法” 司法区块链存证平台

通过“链上壹法”平台，用户可以上传自己的原创作品，打上最早的时间戳和哈希，证明其原创性；可以在线录屏，实时记录他人网络侵权内容；可以在线录像，第一时间记录事件发生时点的真实情况以便事后追溯；还可以根据自己的个人意愿上传文件，永久记录一个特别的时间或瞬间等。“链上壹法”可以有效降低诉讼成本，缩短诉讼时间，普遍适用所有 B 端及

C 端潜在用户。律师可以通过“链上壹法”产品秒间完成在线取证，可以有效突破传统线下取证方式所存在的时效性限制、空间性限制、流程性限制等瓶颈，极大降低当事人及律师的人力、物力、财力等综合成本。终端用户也可使用“链上壹法”产品自行快速取证，在事件发生的第一时间通过“链上壹法”产品完成固证，无论用户是与对方协商沟通，还是用户自行直接起诉，或是用户通过律师维权，都可以有据可依。另外，商业活动中双方可以通过“链上壹法”产品完成合同在线生成、线上签署，签署完成后合同直接上链，一方面可以提升双方互信基础，另一方面未来如若发生商业纠纷，可以直接通过“链上壹法”产品完成线上取证。

以“上链数据未必用于取证，取证数据必定来自链上”为愿景，“链上壹法”在互联网司法领域进行了积极探索与实践，不仅有助于推出电子诉讼法的实践样本，也为中国特色的电子诉讼法、“依法治国”大战略贡献了智慧与经验。

第四节　ConsenSys 公司：区块链+电子政务的全球化实践之路

区块链在电子政务领域的尝试已在世界多地区开展。从全球范围来看，其中最大的贡献者当属 ConsenSys 公司。ConsenSys 公司的创始人 Joseph Lubin 曾是以太坊的联合创始人，同时也是以太坊最早期也是最大的投资人。作为以太坊重点项目的企业孵化器，ConsenSys公司的项目版图已扩展至电子政务领域——致力于研发推广适用于政府的企业以太坊解决方案，利用全套企业资源，为公共部门构建合适的区块链操作系统。2017年7月份，ConsenSys与非洲国家毛里求斯建立了合作关系，建立“以太坊之岛”，同年，ConsenSys被任命为迪拜市“区块链城市顾问”，其推出的“智能迪拜”项目要让阿联酋将所有政府文件和交易都转移到区块链平台上。2018年，ConsenSys与雄安新区签署了一份供后续合作使用的谅解备忘录，可以看出，ConsenSys的区块链政务方案已参与到雄安新区关于“如何建立一个廉洁、透明、高效的政府”的宏伟计划当中。

ConsenSys的“区块链+政务”解决方案名为Sotara，旨在充分利用智能合约、资产管理、身份管理、流程自动化等技术，为政府定制开发“私有政务链”。这套系统具有将不同级别的访问权限分配给授权用户的功能，可以确保用户在政务流程操作中各项业务的独立性，以此达到较高的安全性，并且建立完善的问责制度。建立在安全的区块链架构之上的Sotara体系针对典型政府功能设计有如下核心模块。

身份监管：Sotara可以使政府工作人员和公民在区块链上注册其身份，进行资产管理及交易操作，如发送和请求用户凭据、授权交易等。

智能监管：Sotara允许机构使用基于防篡改的区块链智能合约设计、创建法律文档和法规。

资产管理和流程跟踪：Sotara为政府流程数字化建模提供便利，并提高数字和实物资产追溯的能力。

预算和财务管理：Sotara使得政府交易公开透明、可追溯、可审计、可调节，大幅降低财务管理成本，提高效率。

该解决方案创建了一个安全的系统，使公民、居民和企业能够参与到数据的管理中，极大简化政府与公民之间冗杂的手续流程，同时保护政务及公民信息免受黑客和欺诈的侵害。随着更多公共部门的职能向基于区块链的解决方案过渡，该平台的互操作性将允许更多应用在其上部署开发。

图 6-3 ConsenSys 区块链政务项目官网截图

目前，ConsenSys 还在继续其关于区块链在政务领域的探索，“区块链政务应用”的打造只是其中一部分，建立一个真正公平、公正、透明、高效的智慧政府，需要全行业的共同努力。为了实现这一目标，ConsenSys 创造性地发起了一项全行业倡议——布鲁克林项目，致力于区块链的法律、法规和政策的讨论和探索，以区块链思维促进全球经济增长、保护消费者数据隐私权益。作为一家区块链技术提供商，ConsenSys 敏锐地指出：区块链提供了一种分布式的数据存储、数据共享思路，如何利用这种前沿思维、完善政务体制机制，需要政府工作者、技术开发者以及法律等行业的从业人员共同思考。

第七章

区块链+智慧城市

第一节　区块链如何影响智慧城市

毫无疑问，技术在城市发展中一直扮演着重要的角色。如今，技术进步已经影响了人们使用的房屋、居住的城市和周围的环境。我们经历了为革命铺平道路的全球趋势。

在过去 15 年中，全球城市化速度扶摇直上，到今天，超过 54%的全球人口居住在城市，城市经济已占据全球国内生产总值的一半以上（数据来自于世界银行披露的分析报告）。这种全球趋势创造了一个城市人口过剩、污染和管理效率低下的框架。老龄化、气候变化及资源短缺成为全球性问题。

使用新技术，解决城市发展中的社会及经济问题，构建智慧城市，成为全世界的重要课题。

什么是智慧城市？

Techopedia.com 官网将智慧城市定义为一个使用信息和通信技术构建的城市。可通过信息技术和数据来集成和管理物流、社会和商业基础设施，提高能源、交通和公用事业等城市服务的质量和绩效，降低资源消耗、浪费和总体成本。

简单来说，智慧城市可使用技术来提高居住性，满足市民需求，最大限度地提高运营效率以及提高环境可持续性。

构建一座智能城市并非易事，需要强大的基础设施资源支撑，并要求多方协作。而区块链可以很好地服务于这一目的，帮助政府毫不费力地创建新型智慧城市。

区块链可以提供创建安全基础设施来管理这些功能的机制。具体来说，它可以提供一个安全、可靠、能够广泛整合并有效交换资源的基础设施，使其平台上设计的智慧城市服务超水平运行。而 ConsenSys 公司，也正在帮助迪拜，构建区块链智慧城市——利用区块链打造阿联酋无缝城市体验。智能迪拜是谢赫·穆罕默德倡导的一项倡议，旨在通过利用区块链、人工智能和物联网技术，使迪拜成为世界上最幸福的城市。

区块链已经在一系列产业中展现出其技术优势，而在智慧城市的发展中它同样可以发挥重要作用。从迪拜、新加坡等国家的先期尝试中看，区块链主要将从以下几个方面让智慧城市的发展更加顺利和快捷。

（1）去中介化的支付和转账

脱胎于比特币的区块链技术，在金融领域具有天然的优势，将显著颠覆未来支付和转账的方式。从智慧城市的实际场景中看，基于区块链支付的解决方案非常适合拥有远程员工的公司。未来，创新创业公司、小企业主等可以使用区块链安全、快速地向任何人支付工资、转账，而无须通过中介，从而节省了额外的交易手续费用。同时，政府机构也可以使用这种方式进行资金流转，包括但不限于：城市项目资料流转、提供援助、发放福利、支付退休金、支付工资等。

（2）更好的治理方式

在智能合约的帮助下，区块链可以推动更好的治理。智能合约可用于一系列城市活动：从进行透明投票到官僚程序自动化、报税、追踪资产所有权等，区块链可以让整个城市事务运行得更为公正、便捷、顺畅。

（3）更好的供应链管理

在智能合约、共识机制等核心技术的支持下，区块链可以毫不费力地帮助管理供应链。从食品、农业到物流以及其他行业——区块链可以在供应链体系中显著提升生产者和消费者之间的信息透明度，消除信息孤岛，为信息共享、资格审核、中小企业融资、资源交付、追溯审计等方面提供切实有效的方案。

（4）环境及能源

区块链不仅有助于征税流程更加顺畅，还可以协助控制环境变化、分配能源。基于存储记录不可篡改的特性，区块链可实现对电器、车辆等碳排放轨迹追溯，为制定碳排放税起征点提供可靠数据参考，同时可实现智能化、自动化的征税流程。

在能源管理方面，基于区块链的 P2P 能源交易解决方案可助力可持续能源分配、交易，消除了能源分配环节中对第三方中间商的依赖，个体可直接购买、销售和交易能源。不仅如此，区块链还可以集成物联网和人工智能技术，以促进能源按需分配、高效废物管理。

（5）身份管理

身份信息管理是区块链在智慧城市发展中提供的一个重要功能。通过去中心化身份管理系统的形式，提供更为安全的用户身份存储验证机制，不仅能够提升身份信息的存储交换效率，也可协助政府预防身份盗窃、欺诈行为。真正实现透明、公正的数据共享，确保信息的准确性。

区块链为智慧城市带来的变化，主要在于对城市运行、管理机制的变革。这里并不是说要对政治体制实现“去中心化”，而是用一定程度的“去中介化”实现更快捷、更低成本的信任。打通价值流转的生态，从而在更多领域促进城市服务自主运行。这是一个需要想象力的领域。目前，已经有很多充满创造力的企业开始尝试用区块链构建未来智慧城市。

第二节　宇链科技：区块链智慧城市综合解决方案

宇链科技的智慧城市区块链方案致力于典型应用领域，以宇链城市安全区块链基础设施平台为核心，联合云计算和终端（芯片），形成三位一体的端到端区块链框架，通过软件+硬件结合，实现安全的区块链端到端解决方案。具体包括：智慧商业、智慧碳排放、智慧交通、可信通用积分、平安城市与智慧安防等。

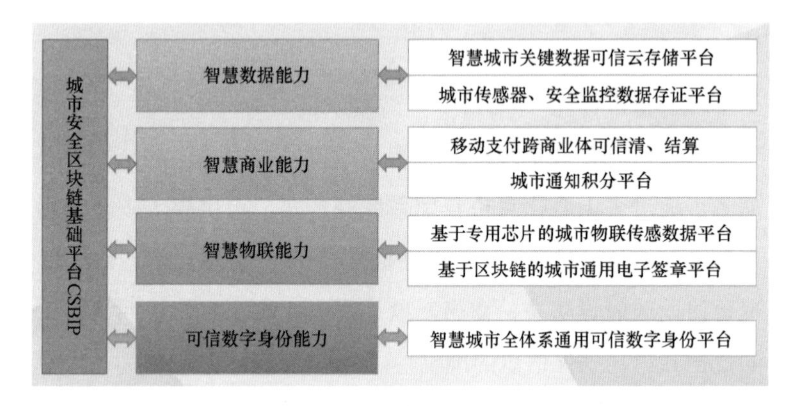

图 7-1　宇链城市安全区块链基础设施云平台架构图

宇链所提出的一系列区块链智慧城市解决方案，所聚焦领域涉及社会民生，重点关注了安防、环保等社会问题较为突出的领域，尝试用区块链方式改善社会环境，提升生活服务质量。真正让区块链走进街头巷尾，更加贴近人们的生活。

比如，宇链构建的城市环保积分及交易平台，通过奖励对环保做出贡献的人和企业，不费财政资金就可解决环保难题。根据方案构想，未来积分平台将为对环保产生帮助的个人奖励环保积分，如按要求垃圾分类的个人、严格遵守甚至超额完成环保指标和要求的化工企业等。环保积分可在交易平台进行交易。而对环保造成损坏的个人须赔偿环保积分。整个过程中，政府无须出资，即可通过交易行为使环保践行者得到实际好处。方案充分利用了区块链的不可篡改和可追溯性，让参与主体之间建立了低成本的信任联系，盘活积分交易生态，促进环保事业发展。

再比如基于区块链的智慧交通（ITS）数据共享平台，可解决实时路况信息分享这一智慧交通领域的重要问题。传统智慧交通业务中，考虑到网络投资成本，单个网络运营商的网络覆盖率基本不够，因此基于单个网络运营商的 ITS 业务响应速度和响应效率低。此外，传统智慧交通业务缺乏有效的激励机制以吸引司机分享实时路况信息，用户参与度低。而路况信息具有即时性、不确定性，需要提供有效机制保证用户得到真正有用的信息。区块链技术的参与，真正解决了信息准确性、安全性的问题。而基于区块链通证商业模式，可有效激励个体参与贡献路况信息，并为信息打分。未来，结合 5G 和人工智能技术，该平台可进一步协助用户从诸多获得的分享数据中做出有效决策。

此外，宇链科技还创造性地提出了基于 5G、物联网和区块链的智慧酒店解决方案。该方案聚焦当前酒店业务存在的安全性、信息一致性问题以及积分利用率低、用户活跃性差等痛点，引入区块链技术涉及“智慧酒店”系列业务场景。包括：通过发行通用积分，并且通过区块链的可信性打通外部流量进行导入；推出基于区块链的 everiCard 房卡，连接数字身份，打通商业壁垒，和第三方无缝衔接；涉及区块链门锁，解决民宿、酒店投资回报周期长的问题，杜绝投资人无法信任酒店财务报表的问题；以及解决政府监管公租房、网约房的问题。在这里，基于 NB-IoT 的区块链门锁是“区块链+物联网”的新产物，它通过区块链安全芯片结合 NB-IoT 技术实现数据实时上链，依据区块链合约自动进行利润分成；后续出现纠纷时也可作为法院认可的合法证据。布放区块链门锁，一方面，通过全球多节点验证开门权限，可以显著提升安全性。据测算，区块链门锁相比传统门锁安全性提升了1 000%；另一方面，由于可使用可信数据来销售未来租金收益权，区块链门锁还能够让酒店、民宿实现资金快速回收。

可以看到，区块链的参与，从安防机制、商业模式、服务体验等方面，为智慧城市建设领域提供了大量新思路。

第三节　区块链带来未来智慧城市新实践——“智慧地产”

通过前面的一系列案例，我们可以看到区块链在时间和成本方面具备的优势。同时，智能合约技术可以增强整个购买和销售过程的安全性和透明度。那么未来在房地产领域，区块链如何能彻底改变商业房地产的租赁和交易模式？

在全球范围内，区块链技术已开始逐步应用于房地产商业运作模式的改造。房地产公司的高管们已敏锐地发现，智能合约技术可以在该行业发挥巨大的作用，可以显著转变房地产运营模式，包括购买、销售、融资、租赁和管理等一系列地产交易流程。

目前，房地产仍然是全世界首要资产。《财富》杂志曾报道了伦敦房地产服务顾问公司第一太平戴维斯（Savills）对全球房地产总价值的估算结果，包括商业及住宅地产、林业和农业用地等。根据他们的计算，全球房地产估价总额高达217万亿美元，其中住宅地产约占总价值的 75%（注：来源于 2016 年 1 月 26 日的计算结果）。而当年全球已开采黄金的总价值约为 6 万亿美元，与已开发房地产的总价值相比，这个数字相形见绌，仅为房地产总价值的 1/36。

同时，这一研究得出了一个关键结论："房地产是受全球货币状况和投资活动影响最为突出的资产类别，反之，其也最易对国家和国际经济产生重大影响。"简言之，房地产已经、并将继续在全球经济中发挥巨大作用。

然而，与大多数传统行业一样，一些信息安全、透明度、人力成本相关的问题正在严重影响房地产行业的发展。

传统房地产行业的最大问题如下：

（1）开放程度受限：房地产一直是富人的投资选择。事实上，很少有资产能够提供同等程度的被动收入和资本增值。进入房地产市场的门槛一直非常高。包括公民身份、国际银行账户、信用评分、融资、现金要求、认证，以及能否接触到合适的赞助商和基金经理等，这些问题都可能成为普通人跨入房地产市场的障碍。比如，如果你计划在异国投资房地产，你将不得不进行至少一次国际旅行，去实地参观物业、同房地产公司沟通，然后做出决定。这意味着你将不得不花费很多时间、金钱、耐心，同大量的人沟通交流，来投资你选择的房产。

（2）严重缺乏透明度：由于信息的不透明，房地产行业的腐败、逃税、洗钱等欺诈问题存在已久。据联合国的公开数据表明，全球每年有 8 000 亿至 2 万亿美元赃款被清洗，而其中很大一部分是通过房地产行业完成的。联合国毒品和犯罪问题办公室估计，这一数字可能高达每年1.6万亿美元。如果信息能够更加透明、可信、可追溯，这一问题将得到很大改善。这些流失的资金如果能够得以正确使用，将为公共事业做出极大贡献。

（3）高额费用：传统模式下，如果你投资国际房地产，那么这里有一些必须支付的费用会极大提高你的预算，包括：兑换费、转让费、经纪人费、税金、投资费等。由于一笔房地产交易所涉及的中间人数量往往过于庞大，在异国投资房地产是一个非常昂贵的选择。此外，为避免潜在的法律纠纷，你还需要额外咨询律师和会计师，而这又会额外增加你的投资成本。

（4）流动性差：房地产行业最重要的问题之一，就是资产流动性差。资产的“流动性”是指资产或投资转化为现金的速度。

与加密数字货币相比，房地产行业流动性较差的主要原因在于：数字货币可以在公开交易所上市，并在开放交易时间内迅速得以出售。由于资产的流动性与购买者的供应量成正比，数字货币的买家数量远远超过房地产市场。而房地产买家遇到的问题是：房地产进入门槛非常高。除了少部分购买国际房地产的买家，大部分人并不打算购买任何远离他们居住地的房产。此外，房地产交易涉及大量第三方，交易更易因费用和法规受阻，让潜在买家望而却步。这意味着，一些买家会因为冗长的交易过程而放弃交易。

（5）定价承诺：不同于其他的交易市场，房地产投资通常需要大量前期保证金。同时，对于投资者的信用审查也更加严格。特别是，当涉及国际房地产交易时，信用评分信息不能灵活实现跨国通用，也会影响国际房地产买家的交易进程。

（6）交易速度：正如前文多次提到的，房地产交易过程通常非常缓慢。根据《居外中国消费者国际旅游调查报告》，56%的中国投资者想要找到理想的美国投资房产来交易需要花一年以上的时间。一般来说，他们可能要花六个月的时间才能找到一处房产，然后再花六个月的时间来完成购买所需的所有手续。

以上因素共同阻碍着房地产行业的进步，即使在信息技术飞速发展的今天，房地产行业依然保留着很多古老而传统的交易流程。而这些，也正是区块链携手房地产行业的切入点。

区块链从多角度为房地产生态系统引入了新的活力，其中主要有：

（1）基于智能合约的自动化交易。智能合约可以实现自动执行的房地产交易。该自动执行的过程依靠在智能合约脚本代码上写入的特定指令，在特定条件下这些特定指令可以自动触发。我们可以把智能合约想象为一台自动售货机，而每采取的一步操作都像是下一步自行执行的触发器。通过这台“自动售货机”，买方可以直接与供应商联系并交易，从而越过所有的中间人，省略了与中间人打交道所耗费的时间、金钱成本。传统房地产交易中，所有经纪人、银行和律师等第三方往往须收取标准的 2%～5%的中介费用，而通过区块链技术可以在交易中彻底剔除第三方，节省一大笔费用。

（2）加快房地产交易效率。就像之前提到的，传统房地产交易流程可能持续数月，这主要是因为交易过程需要经历大量的中间人，存在冗杂的官僚手续以及缺乏透明度。当然，基于区块链的智能合约不会完全独立于地方政府法规之外，但是，它会消除中间人环节。同时，交易所需的所有数据信息都可以保存为区块链上的哈希文件，方便审核追溯，且一定程度上公开透明。买家可以利用区块链来追踪所感兴趣的所有信息，卖家也可以通过区块链对买家的信用评级、资格进行审核。与传统的第三方中介参与交易的方式相比，这将节省大量时间。

（3）防止欺诈。通过将财产、文件和合同等数字信息直接上链保存，可以有效保障信息安全。上链的数据将不会被随意篡改或删除。目前，包括印度安得拉邦和特兰加纳政府在内的多国政府部门，也正在尝试利用区块链技术打击财产欺诈。

（4）资产数字化。区块链技术最令人兴奋的用例之一是它有助于现实世界资产的数字化、符号化。数字资产不仅在货币、证券行业大有可为，对房地产领域而言，同样拥有巨大应用潜力。根据维基百科的解释："通证化（Tokenization）在其应用于数据安全时，是指用不敏感的等同物（称为 Token）替换敏感数据元素的过程。Token 没有外在的或可利用的意义或价值，而是通过通证化系统映射回敏感数据的引用（即标识符）。"简而言之，在区块链的世界里，Token 是现实世界资产、价值或功能的数字化表示。

这种数字化不仅会增加传统非流动性资产的流动性，还会使去除第三方进行资产交易成为可能。试想一下，未来，人们也许可以像在交易所购买简单的数字货币那样购买房地产。

事实上，这样的交易方式已经不再遥不可及。根据世界经济论坛的预测，未来十年，世界 GDP 总值的 10%将以加密数字资产的形式存储，以数字货币形式存储的资产的总价值将高达10万亿美元。

这里简单介绍一下区块链中的Token的类别：

（1）支付硬币：这一类是人们最为熟悉的“密码货币”，如比特币、莱特币、以太币等，可以在交易平台内外用作货币流通使用。

（2）实用Token：在平台中实现特定功能的一类Token，可以赋予持有者使用网络或通过在生态系统中投票来使用某些资源的权利。比如社交类DAPP Steemit中，用于激励内容交易、奖励内容贡献者、为内容投票所设计的Steem Power（SP）代币。

（3）安全Token：从外部可交易资产中转化而来的Token。这些都受政府法规的监管和约束，包括数字化证券等。未来也可用来进行房地产价值的数字化转化。

资产数字化最特别的功能之一是实现了资产的“所有权分布”，尤其当涉及像房地产这样昂贵的资产时。在数字资产时代，房地产市场格局将不再是一个人拥有一处房产，而可以是多个人购买房产的代币并共同拥有这栋建筑。

我们可以通过下面这个例子理解这一概念。

比如，马里布海滨一栋别墅的平均价格约为65万美元，这样的价格超出了大多数人的预算。然而，卖家将房产数字化之后，有五个人每人以价值13万美元的房产代币，共同拥有这所房子。交易通过房地产区块链平台完成后，这五个人将根据房屋所有权签订一份具有多重签名的智能合约，以证明拥有该房产。

在这个例子中，多重签名智能合约将确保共同所有人坚持做出诚实的行为。具体而言，通过多重签名的智能合约将确保对房屋做出的任何决定都得到大多数业主的同意。由于该合同是自动执行和强制执行的，因此不需要任何监督，即可迫使共有人诚实守信，即使他们彼此之间可能并不熟悉。区块链可以为房地产这样高价值的资产交易场景，提供低成本的信任机制。

“所有权分布”的实现显著降低了房地产市场的准入门槛，使房地产交易不再是富人专属的游乐场。普通人同样可以简单地购买一项昂贵资产的1/5，甚至1/10，而不必通过贷款或者年复一年地存钱。

同时，资产数字化大大增加了房地产市场的流动性。人们可以去交易所清算手中的代币，而不是永远等着出售房产资产来套现。投资者也可以用同样的钱购买多处房产，而不是把所有的钱都押注在一处房产中。这种方式将真正实现投资组合多样化，同时降低投资风险。

我们有理由相信，在未来，区块链技术将实现房地产交易的民主化，为来自世界各地的潜在投资者打开房地产投资的大门。如果执行得当，这对加密数字货币市场也非常有益，因为它将进一步增加数字货币的实际效用，将数字世界和真实世界紧密连接。

第四节　区块链“战疫”

2020年庚子鼠年如约到来，但新冠肺炎疫情的突然爆发令人措手不及，疫情下的春节注定是中国人民度过的最特殊的春节。在全国人民众志成城、齐心“战疫”的同时，也暴露出“全国卫生数据共享协同危机、慈善机构的制度与监管不完善、线下业态停滞”等问题。作为近年来热潮的区块链技术虽然现在还处于初级发展阶段，但就本次疫情战“疫”中，也起着至关重要的作用。

“待疫情结束后，中国数字经济将会得到更大的发展”已成为业界的共识。中国银行前行长李礼辉表示：“在当前防控疫情的情况下，数字货币应该可以加快发行。”中国人民银行副行长潘功胜说：“疫情期间，与数字经济有关的商业模式已经展现出独特优势。长期要加强对数字经济的支持力度。”区块链作为数字经济发展的产物，也将获得更大的发展机遇。

在此次疫情中，数字化技术虽然解决了很多问题，但是也暴露出很多短板。国家的疫情预警系统、媒体舆论环境、公益民生服务都在新冠肺炎的高压下遭受了一次空前的压力测试。在 2003 年的 SARS 疫情之后，我国最大的收获是一场基于互联网的“网络问政”风潮。这套治理系统在此后的很多年内，都发挥了极大的效用，包括 2006 年的禽流感、2008 年的汶川地震等。而到 2020 年的新冠疫情，这一系统暴露出一系列问题，例如：数字化治理需从广度、深度双管齐下，进一步融入国家下一阶段的治理体系当中。数字化理念没有渗透到组织机制中，组织效率低下。数据颗粒化过粗。尽管主流媒体都设置了疫情地图实时追踪数据，但由于数据颗粒化太粗，一定程度上反而引发了恐慌。信息来源真实性问题。如果官方媒体信息披露不及时，谣言就会出来填补空白。慈善捐款资金流向透明度问题。这些问题表明之前的数字化治理体系在很多方面已经落伍，需要升级。

暴露的问题正是未来的商业机会与发展契机。

回望历史，2003 年的“非典”影响了中国电商等数字产业生态的发展，让国家认识到了将互联网工具纳入治理体系的必要性，此次“新冠”肺炎对数字经济生态的影响会只增不减。数字化在此次疫情下展现出的必要作用不容小觑：初步建设的数字实名制网络，让追踪病人的行踪及接触人更加便捷与透明；在居民足不出户的情况下，电商和物流的数字化能够满足居民日常需求并减少病毒感染概率；学生可以通过云课堂实现在家学习；数千万人通过监控设备将建筑工地数字化，当起了火神山、雷神山医院的“云监工”。这些数字化的建设都将成为未来城市发展的重要基础设施。此次疫情后国家会加速推进数字化治理，推进 5G、物联网和区块链产业的快速融合，进一步升级数字化治理。

数字经济的发展也为区块链带来了机会。在数据打通方面可以通过区块链+多方安全计算，实现部门间的数据互联互通；通过区块链+隐私保护技术，实现数字公民的建设；通过区块链智能合约实现智慧物流中各种数据的计算，降低物资分配的不信任程度等。

区块链技术能助力政务流程透明。以往网络问政的治理模式告诉我们，政府只强调信息公开透明还不够，因其公信力弱，而信息公开透明只侧重结果透明，非流程透明。事实上，政务流程开放透明的意义远大于结果透明本身，能让公众享有更大的知情权；区块链技术能把一些政务流程摆上政务链，过程中卡在了哪个环节，哪个层级出现了问题，可以很清晰地展示出来。

区块链技术能提升组织协同效率。国家在政务流程上一直着力提升数字化程度，简化缩减流程。在互联网的作用下，电子商务流程有较大发展，但审批环节少了不等于审批过程就智能化了，中间只要有人员的主观干预就可能存在效率障碍。区块链技术能把组织协作智能合约化，使各个审批环节只需要做验证和确权操作，其他的均由智能合约自动化处理，这样一来可从根本上提升组织协作效率；

区块链技术能加速数据资产化。用户的实名制购票信息、轨迹信息都将更明确确权，这也侧面提升了数据的精细化程度。在政府需要让数据辅助决策时，区块链技术可以在保护用户隐私的情况下，挖掘数据价值，最终服务于用户。

区块链技术能增进公益、民生、金融等垂直产业效益。例如：区块链+公益，可以多维度呈现捐助物资的实时流向和分配情况；区块链+供应链金融，可以解决中小企业贷款难等问题。

抗击疫情是一场硬仗，也是一次全社会反省的机会。健康、医疗防控、社会治理体系的发展值得我们深入思考。伴随着5G、物联网、区块链技术的不断成熟普及，国家数字化治理的能力会得以提升，数据资产化的目标也会实现，愿景中的数字经济社会最终一定会到来，区块链技术最终会彻底融入人们生活的方方面面。

一、区块链+应急管理

2020 年不期而遇的新冠肺炎疫情挑战，对我国政府的应急管理能力、社会治理能力进行了一场突如其来的考验。数据已经是全球政府决策的核心手段与依据，更是应急管理决策指挥的核心依据。在 2003 年抗击非典疫情时，我国还处于互联网的起步阶段，数据来源、数据量、信息的流转互动频率远不及今天。现如今我国已经处在了大数据、人工智能、物联网、5G、移动社交互联网等高科技的交融时代，但面对此次新冠肺炎疫情，各种高科技手段在早期疫情防控、有效应急管理等方面都没有发挥出相应的作用。

对各方面数据关系进行分析，不难得出这样一个结论：政府各部门之间存在“数据信息孤岛”问题，缺乏数据实时共享协同机制；卫生健康管理部门与医院医疗机构之间存在“数据信息孤岛”问题，同样缺乏数据实时共享协同机制；舆情管理部门对官方数据与非官方平台数据、社会繁杂传播数据的治理管控缺乏“真假依据”“可信依据”的比对标准与相关手段。

2000 年之前我国就开始倡导填平数字鸿沟的电子政务建设，但是至今数据信息孤岛、数字鸿沟问题依然存在，与此同时，大数据的发展导致数据的中心化掌控权力越来越大，数据层面的共享、协同面临的困难越来越大。新冠肺炎疫情的爆发暴露出数据共享协同危机，从而导致舆情危机、信任危机，引发了我们对建立完善国家综合应急管理协同体系势在必行的思考。

跨部门、跨机构、跨领域之间的数据共享与协同，一直受制于安全性、可控性的制度化、中心化的掣肘。数据产生方、数据掌控方，与行政制度的制定方、执行方之间，往往有可能是一体，这导致数据很大程度上容易受到制度干扰、权力干扰，更是以制度规定、数据安全为由形成数据信息孤岛，这是无法实现数据共享协同的主要原因。从社会数据的角度来看，社会产生的繁杂数据信息，没有交叉验证的数据治理方式，导致各种繁杂信息在移动互联网上肆意传播，且中心化舆情监管审核机制对舆情数据的过滤依据过于单调，证明“真假”“是否可信”的数据治理模式并没有建立起来。

综上所述，建立交叉验证的数据治理模式，同时在满足合法性、制度性、安全性，以及保护公民隐私、数据隐私的法律法规条件下，让数据更加真实可信、及时精准，便于决策、便于管理，从目前已知的科技手段来看，只有“区块链”具备这个能力。

区块链是整合多种成熟技术系统的、实现社会协同合作的计算范式模型。区块链的技术特征是以人为本，围绕解决信任问题，灵活化、最大化地将数据治理、行政制度等多方面的治理体系融入计算范式系统中，排除外部利益体自定义制度与人为干扰因素，作用于治理体系的变革、信用体系的变革、生产关系的变革、社会关系的变革。甚至，我们可以大胆预言，区块链有可能是一种利用计算机互联网等科技范式的手段，对行政管理体系的一项政治体制改革方式。区块链通过分布式记录存证优化数据治理体系，形成不可篡改、可溯源、可确权（可追责）的数据优势特征。分布式记录存证需要多机构、多部门、多领域、多行业的主体参与，形成多个分布式节点，共同记录存证每个节点数据，形成多节点证据链，从而倒逼节点贡献数据时不敢造假，做到实事求是，最终倒逼出诚信环境的建立。通过共识机制将行政制度、治理制度植入范式系统之中，使数据上报披露不再受到外部利益体自定义制度与权力的干扰，如果设定区块链系统对各节点系统主动抓取数据的机制，那么人为干扰的可能性几乎为零。在数据特征上，区块链系统所要求的数据不仅要满足行政制度、治理制度，更要考虑满足社会大众的心理需求。

区块链建构在密码学基础之上，充分满足数据的安全性需求与对数据隐私的保护，这也是区块链之所以能够打破数据信息孤岛的主要原因之一，体现出分布式记录数据的合法性与合规性。区块链系统可以对数据做点对点交叉比对，形成共识机制下的可信数据，树立数据的权威性，同时可对虚假信息的提供方、散播谣言的主体形成精准确权与锁定，对惩戒、净化视听、维护社会稳定、稳定民众情绪有积极作用。区块链系统的可控性主要通过搭建联盟链的形式来实现，联盟链是一种准入制的共同治理形式，一旦发生重大失误或错误，通过联盟治理约定可实现可控。区块链是制度型、关系型、逻辑型的顶层设计，而非简单的技术应用 IT 信息化系统，区块链的顶层设计架构延伸有两个方向，其一是多节点对数据的边缘与多样性需求朝着扁平化方向延伸，其二是共识机制对数据特征的要求，推动数据的精度向深度化方向延伸。

区块链的核心是制度与关系的共识架构顶层设计，而非简单的技术架构设计。建设国家级区块链综合应急管理协同平台，需要全国人大、国务院、国家应急管理部、国家卫生健康委员会、公安部、交通运输部、国家互联网信息办公室等国家级机构牵头部署，以及地方政府、部委与地方相对应的委办厅局为区块链平台上的主要构成节点，其中，医院的 HIS 系统的数据上链尤为重要。随着发展需要，结合区块链的技术特征，可以承载更多的部委、地方政府加入链上节点，例如公益慈善组织、海关、地震局、气象局等。如图 7-2 所示。

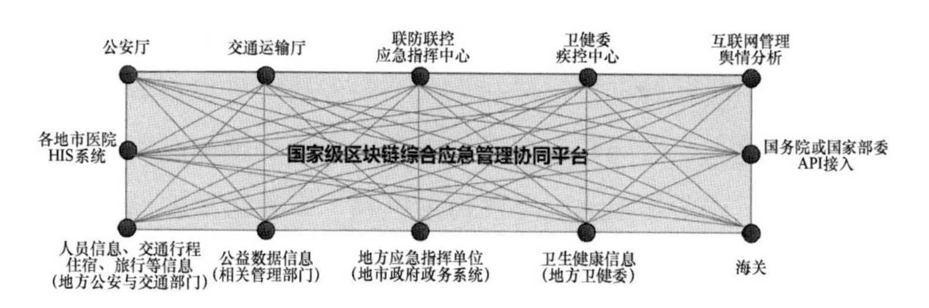

图 7-2　国家级区块链综合应急管理协同平台

建设国家级区块链综合应急管理协同平台的主要目的是打破“信息孤岛”，实现多部门之间的数据实时共享、协同、交叉验证比对，形成政府各部门之间、政府与社会之间的可验证、可溯源、可确权的可信数据体系，提高可信信息的透明度、信息安全及沟通效率；通过区块链对数据信息清晰确权，使其可溯源、可追责，从而为应急管理的决策提供精准依据，对社会舆情实现有理有据的管控。另外，从优化“突发公共卫生事件应急管理体系”的角度来看，全国各地医院 HIS 系统与卫健委、疾控中心的系统之间的互通，应写入法律规范和行政制度中；同时医院与卫健委的系统之间，应摒弃人工录入的上报方式，采用区块链的 API 主动抓取数据方式，该方式可保证医院运营的商业机密和隐私保护的需求。

二、区块链+公益慈善

截至 2019 年 11 月底，全国登记认定的慈善组织已超过 7 500 个。数据显示，2019 年全国有 4.1 万个社会组织开展了 6.2 万个扶贫项目，投入资金超过 600 亿元。仅在 2019 年 9 月召开的第七届中国慈展会上，就对接扶贫资金近 75 亿元。这就说明随着社会不断发展进步，民众素质不断提高，对慈善活动的需求也越来越大。但同时也暴露出很多问题亟待解决，例如慈善事业过程不透明和缺乏必要的信用机制、慈善组织的设立和监管问题，以及在慈善领域存在的垄断现象。

近几年被媒体曝光的慈善方面的丑闻，主要集中在有人打着公益旗号，借口做慈善，谋取不当利益，或者侵吞爱心人士钱款，挫伤了公众的捐款热情，伤害了人们的仁爱之心，更降低了公众对慈善的信任。

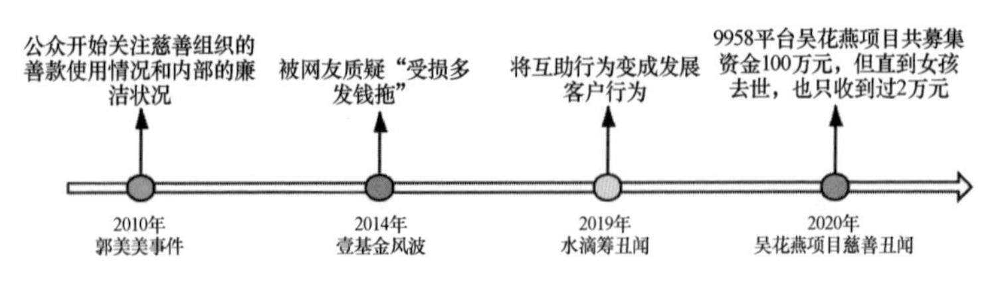

图 7-3　慈善重大丑闻

慈善本是鼓励善行、倡导美德、扶贫救困、缓解社会矛盾、构建和谐社会的重要途径，是一个公益性而非以营利为目的的事业。然而，由于我国的慈善事业法规不完善、制度不健全、监管不严格，使我国慈善组织的发展受到制约，影响了其社会功能的发挥。

慈善行业发展的关键点就是慈善机构要获得持续支持，就必须具有公信力，而信息透明是获得公信力的前提。公益透明度会影响公信力，而公信力决定了社会公益的发展速度。信息披露所需的人工成本，又是掣肘公益机构提升透明度的重要因素。

有些人将慈善平台当作偷税漏税、转移资金的通道，甚至做出钻监管漏洞、侵占善款等行为，破坏了人们对慈善平台的信任，也抑制了慈善事业的发展，使得这种重要的社会救助平台丧失功能，其结果危害极大。要想解决这一问题，我们应把焦点放在解决慈善平台信用问题的关键环节上，即善款使用的透明化。从技术上看，需要监督的几个关键节点就是：捐款人，慈善平台，受款人（捐助对象）。这三者各有不同的控制要求。

捐款人：善款金额、捐赠时间、善款汇款目的地；善款来源的合法性；善款捐助对象或意愿。

慈善平台：善款接受金额、时间；善款使用对象、付款目的地，善款使用现状；善款使用的合理性。

受款人（捐助对象）：受款金额、时间；受款人的真实性确认；善款使用情况。

目前慈善平台的运作和管理很难做到使上述各节点的各个

管控要求得以落实，这是客观存在的问题。即便每个节点都有翔实准确的记录，仍无法核对每一笔善款的来龙去脉。普遍存在的问题是捐款人知道自己捐了多少钱，但不知道有多少钱在什么时间到达了被捐助对象手中，也不知道捐助产生了多大的效果。慈善平台是聚集善款的资金池，没有办法确定和记录每一笔善款的使用。而受捐助的对象也并不知道给自己的捐款的总金额有多少。

慈善链条关键的三个节点无法相互验证，就导致了其中存在不少可以暗箱操作的漏洞，其中最严重的是慈善平台。

要解决上述问题，区块链技术可以发挥关键作用。将捐款人、慈善平台和受款人这三类节点的数据上链，让整个流程彻底公开，不管是捐赠者、公众还是需求方，都能清楚看见每笔善款的流向，让每笔善款都能落到实处。

区块链技术可以将前中后端的数据打通，使捐赠数据和分配数据都公开透明，无论是捐赠还是调拨、分配和使用，都有一个时间戳记录，而且每笔资金可以快速匹配验证。另外，在这个区块链应用中，还可以采用智能合约技术，对于定向捐赠，由智能合约自动执行，不再需要慈善平台的人为干预，但是各方仍可以随时监督和验证定向捐赠的执行情况。

以上是慈善活动中如何借助区块链技术实现善款的全流程透明化管理。如果捐助的不仅有善款还有物资，则处理过程会更复杂，但是在数据链层面还是相通的。对于慈善物资捐赠，由于涉及实体物品的流转和存储，需要将这些环节的数据上链，这就需要借助物联网技术的支持，同时会大量增加数据量，也需要借力云计算、大数据和人工智能技术。随着技术的发展，社会公益的规模场景、辐射范围及影响力将得到空前扩大，“互联网+公益”、普众慈善、指尖公益等概念会逐步进入公益主流。这些模式不仅解构了传统慈善的捐赠方式，同时推动公众的公益行为向碎片化、小额化、常态化方向发展。

总结以上基于区块链的慈善解决思路得出，区块链可利用分布式技术和共识算法重新构造出一种信任机制，链上存储的数据可靠且不可篡改，天然适合用在社会公益场景。公益流程中的相关信息，如捐赠项目、募集明细、资金流向、受助人反馈等，均可以存放于区块链上，在满足项目参与者隐私保护及其他相关法律法规要求的前提下，有条件地进行公开公示。公益组织、支付机构、审计机构等均可加入进来作为区块链系统中的节点以联盟的形式运转，方便公众和社会监督，让区块链真正成为“信任的机器”，助力社会公益的快速健康发展。区块链中的智能合约技术在社会公益场景也可以发挥作用。在一些更加复杂的公益场景，比如定向捐赠、分批捐赠、有条件捐赠等，就非常适合用智能合约来进行管理。使得公益行为完全遵从预先设定的条件，更加客观、透明、可信，杜绝过程中的猫腻行为。

三、区块链+分布式办公

在新冠疫情防控期间，为了响应国家抗击疫情的号召、减少人群聚集、避免交叉感染，在家办公成了大部分公司复工的首选。阿里巴巴旗下的钉钉数据显示，我国上千万企业、近 2

亿人使用钉钉开启在家办公模式，这也就形成了分布式办公。

早在 20 世纪 80 年代，IBM 就成功实现了远程办公模式。随着新经济时代的发展，很多公司开始推进远程办公的规划。我国远程办公的市场规模也在逐步扩大，阿里巴巴、微软、腾讯、华为等行业巨头相继推出各自的产品，如钉钉、华为云（welink）等。据华泰证券研究所和海比研究发布的数据显示，2012 年、2017 年国内远程办公市场规模分别为 53.7 亿元、194.4 亿元，2020 年市场规模预计将达到 478.3 亿元。

经过一段时间的实践，远程办公也凸显出许多问题。首先是企业与员工之间的信任问题。远程办公打破了企业与员工之间的传统信用模式，企业不相信员工在家也会认真工作，担心员工偷懒，而员工认为无意义的例会只会影响工作节奏，浪费时间，摄像头的监控更是侵犯了个人的隐私。双方在这种形势下，信任矛盾不断激化。其次是团队之间的信息同步问题。在进行团队协作时，大家需要协作完成共同的目标，成员之间的信息共享可能存在延迟或传达不到位的问题。且在远程办公模式下，团队协作成员分散，可能导致成员缺少责任意识，一旦某一环节出现问题后，追责成本较高且难以追责，导致协作完成任务质量较差。以现在的技术，这些问题是很难解决的，远程办公在现阶段仍然只是起到了一个链接的作用，而分布式的精神，显然不止于此。

区块链不仅仅是一种技术，更是下一代主流协作机制和组织形式。分布式办公应该是通过优化组织结构和协作机制，来提高沟通效率、促进信息共享，无论是集体办公还是远程办公，都可以以高效的方式进行协作。虽然目前分布式办公，或者说分布式商业仅仅是一个萌芽状态，但是人们仍然可以利用区块链的思想和精神，对目前的远程办公模式进行一些优化。

区块链技术作为下一代互联网的核心技术，具有去中心化、公开透明、集体维护、可追溯性等特征，在互联网群体协作中具有天然优势。作为一种新时代引领变革的新兴数据共享技术，人们可以利用其“区块+链”的数据结构来存储与验证信息，解决远程办公存在的问题。利用非对称加密机制进行数据传输和保障数据安全，利用共识算法和激励机制来更新数据和保障系统正常运行，利用智能合约来自动化执行和操作数据协议。

基于区块链技术的信息透明化的特征，能够加强团队内部的信息共享效率。区块链节点在新的信息出现后，会通过广播将信息传播至每一节点进行验证，然后进行信息的更新。所有数据的记录都是建立在信任的基础上，能够有效避免恶意篡改信息或接受错误信息的情况。

通过区块链独特的时间戳特征，能够形成一条具有时间顺序的链条，使链上的信息真实可靠并具有可溯性。一旦某一环节的工作出现问题，能够迅速溯源查询，实现追责。管理者也可以通过时间戳了解员工的工作进度，杜绝信息造假的可能，避免了信任问题，为构建新型信任模式提供了技术框架。分布式存储是区块链技术的重要特点，从分布式的优势来看，把这种特点演变到人们的办公方式上，也是一种突破。

第八章

区块链+数字社会

第一节　区块链×电商，打造消费新趋势

现如今电商发展得如火如荼，各种促销活动让消费者应接不暇。然而，万事万物都处在变化之中。未来的电商会有什么样的变化，区块链的出现又会给电商领域带来怎样的变革呢？

在电商最初的发展阶段，实际上交易中每一个人彼此都是不信任的，比如卖家担心发货后买家会不会付款，买家担心付款后能不能收到货，收到的货是不是预期中要买的，诸如此类。所以电商平台，如淘宝，即以第三方平台的身份在买方与卖方之间建立了一个中心化的信息平台和交易平台，提供了一个买卖双方共同的信用机制。而区块链与传统电商中心化平台的信用机制不同，它的信用机制是分布式的。分布式的思想，其实在生活中已经有所体现，以在微信群中抢红包为例。在一个微信群发出一个红包，群内成员抢红包手快有手慢无。而抢红包的机制，就是基于分布式账本，一方面是时间戳，每次抢到红包的时间戳都有公开透明的记录，另一方面是分布式账本任何

人都无法篡改，数据真实可信，能实现所有用户达成共识。抢红包这个简单的功能，虽没有用到区块链技术，但实质上淋漓尽致地体现了分布式账本的思想。因此，区块链与电商的结合，打破了传统电商以大平台作保障的信用机制，将有可能创造出一种新的分布式账本，一种全新的信任机制。电子商务平台这个名称，可能也要发生变化，变成数字商务。在数字商务平台上，产品信息、交易信息将全程数字化。在区块链技术带来的数字经济 3.0 模式下，电商的全面性提升，将不是一个简简单单的升级，而会是一个颠覆式的变革。

目前，区块链与电商的结合将可预见地分为两个阶段。

第一个阶段是电商平台+区块链。在这一阶段中，电商主要进行产品上链的操作，基于区块链分布式存储的原理，把信任机制通过数据库的方式，共享给每一个节点，从而建立起陌生人之间的信任关系，实现从产品的生产源头，到仓储、物流、销售等每一个环节的数据共享。相比传统电商中心化的方式，这仅仅只是一个初步的应用。

第二个阶段的发展是区块链+。+区块链是把区块链当成工具，利用它的一些技术特点。但在区块链+的层面，则是运用区块链的思想和方法。区块链的核心优势包括分布式存储、智能合约、共识机制等，对传统电商进行提升、改造、转型、创新都会带来很大的变化。

在电商行业的应用中，区块链目前能够较快落地的是产品溯源领域，现有项目已经涉足农产品、艺术品、工艺品、高价值产品等产品的溯源。一件产品从生产到运输，到仓储，到销售，包括快递物流，都可以通过区块链技术提供可信的存证，进而增加产品数据信息的有效性和可信度。产品生命周期中的全部环节都留有完整且不可篡改的区块链存证，一方面提高了产品的公信力，另一方面也提高了它的防伪能力。对于电商平台而言，运营成本降低了，运营效率大幅提升，将有利于展示自身技术优势，树立品牌形象。对于用户来讲，用户的使用体验感提升了，会有更大的消费意愿。应用于产品溯源只是其中一方面，之后将扩展为身份溯源、交易溯源和金融溯源。随着这些可信的全流程数据的积累，供应链金融服务，还有征信服务，都可以配套更新。在这样的良性发展下，整个电商领域将成为一个可信的数字社会。

有区块链的助力，电商在以下几个方面都会有颠覆性的变革。

首先是安全性能的提升。安全永远是最重要的。在整个电商领域，过去在互联网时代，安全是通过硬件加密的方式实现的，主要基于芯片解决。在区块链时代，原先的硬加密方式加上区块链的密码学技术，又进一步地保证了安全。一方面是区块链平台本身的技术框架采用分布式存储，不会像中心化平台一样发生单点瘫痪全局崩溃的问题，保证了数据的安全性。另一方面，区块链的共识机制确保了数据本身的真实可信。还有一点，从用户的角度来看，基于区块链的数字身份可以极好地保护用户的隐私。数字身份，是指每个可以产生数据的主体，将持有一个非对称加密算法的私钥，凭私钥来证明身份。比如用户在某电商网站上登录账号，只要电商网站能用公钥验证出用户的数字身份，用户就不需要输入密码。这样即使某个网站被攻破，攻击者也拿不到用户的密码或账号信息，从而保护了用户的隐私安全。此外，用户也可以授权指定人获得查看本人数据的权利，把授权数据给谁看的权利留给用户自己。所以区块链不论是从技术角度，还是从管理角度，都能为电商提供安全的保障机制。

其次是治理结构的改变。在传统电子商务中，双方是通过一个中心化的商务平台聚合在一起，这是一个中心化的信用治理体系。买卖双方只能寄托于中心机构自己不作恶，但其实平台有能力也有条件作恶。而区块链带来的数字商务，是多中心化的或者是多方共建的数字信用体系，治理模式将发生根本上的变化。区块链的可追溯特性决定了产品在出现问题时，能迅速找到问题源头，避免事态恶化。进而，基于区块链可以建立分布式信用激励体系跟奖惩体系。在传统治理体系中，中心化平台的作恶成本可能很低，但在分布式治理体系中，市场透明，会大幅度提高作恶的成本。所以电子商务跟数字商务的最大差别在于电子商务经营交易的是信息，平台追求垄断式或者寡头式经营，在流量经济中，以流量多者胜。因此很难保证信息安全，毕竟与利益相冲突；但是在数字经济 3.0 时代，数字商务是分布式商业的模式，平台不再靠买卖信息盈利，而是提供服务，流通价值，谁能有效地保护好信息，谁的信用价值就高，从而带来金融上的回报，保证信息安全与利益是一致的。

区块链还会为电商带来支付方式的变革。支付是金融的一项核心业务。在电子商务中，第三方支付是保证交易进行的支付平台、买卖方之间的中介，为了信用保障，支付过程中存在资金沉淀期，还会收取交易服务费，这些都影响了卖家的资金使用。而区块链中的支付，采用点对点的支付方式，可以做到“支付即清算”，大大缩短支付流程。此外，在银行体系不完善的一些国家中，区块链可以充当很好的信用保证。在跨境支付中，区块链也能大大降低信用成本和支付成本，促进资金安全快速地流通。

第二节　微位科技——去中心化的可信数字身份 CID

身份的识别和认证，是一切商业合作的起点和信任的基石。随着数字世界的不断演化，数字身份的重要性不言而喻。据麦肯锡测算，数字身份将在未来十年促进全球 GDP 增长 3%～13%。由于互联网早期缺乏对数字身份的统一认识和规划，目前数字身份在应用模式上存在着种种不足，主要体现为以下三个方面。

（1）数字身份无统一标准和协议，跨应用和服务使用存在障碍。传统互联网发展以中心化服务为主，各应用之间互为孤岛，个人身份有赖于不同的中心化服务供应商提供。用户不得不在各种以服务方为主体的封闭系统下注册登记并持续维护自己的身份信息，身份的使用低效且容易出错。身份所有者希望能够在任何需要的地方使用他们的身份数据，而不被绑定到单个提供者。

（2）数字身份的自主性得不到保障。关于数字身份的归属权存在一定争议，大部分中心化服务供应商将用户数据视为其数据资产，因此存在如下风险，即：在用户未授权的情况下冒用、篡改以及取消用户对于其数字身份的使用权。身份所有者迫切需要了解谁出于什么目的，获许查看和访问他们的数据。

（3）数字身份的隐私安全问题。首先，数字身份和个人隐私存在高度相关性。其次，随着 Web2.0 的高度发展，资金、数据、流量资源被大型科技巨头高度垄断，个人身份数据也趋向于集中。当海量的个人隐私数据缺少了用户参与的隐私保护，由此导致的网络犯罪和隐私泄露问题也越发严重，与互联网巨头相关的个人隐私数据泄漏问题频频见诸报端。从另一角度来说，各个服务商对隐私安全的重视程度、道德标准和管控能力不一，当用户将数字身份委托给这些服务商时，个人的隐私安全也得不到标准统一的有效保障。

解决上述种种问题的一个思路是，使用户对数字身份真正拥有自主权，让用户可以自主创建并持有一个数字身份，并可自主选择向何方提供、提供何种粒度、何时提供，并可随时收回授权。为了达到这个目标，数字身份须打破单一组织或联盟组织控制的中心化封闭环境，而置于开放的标准、技术组件以及分布式环境中。去中心化的公钥基础设施（DPKI）与分布式账本技术（DLT）是使此目标成为可能的技术突破，它使多个机构、组织和政府能够通过像互联网一样交互的分布式网络一起工作，身份数据在多个位置复制，以抵御故障和篡改，并且将使用权完全置于用户密钥保护之下。分布式账本技术已经存在并发展了一段时间，其在分布式和安全性方面的能力已经得到实证，当它与公钥基础设施、匿名凭证技术相结合时，分布式自主权数字身份的技术实现成为可能。

微位科技基于去中心化架构设计的原则，打造了 CID（Crypto IDChain）联盟链，是区块链构建去中心化的认证联盟，旨在连接数字身份的数据孤岛。遵循 W3C DID（分散式标识符）规范，CID 实现声明管理和基于可验证声明模型的工作流程：可验证声明由身份背书方（声明发行方）根据身份所有人请求进行签署发布，身份所有者将可验证声明以加密方式保存，并在需要的时候自主提交给身份依赖方（声明验证方）进行验证；身份依赖方（声明验证方）在无须对接身份背书方的情况下，通过检索身份注册表，即可确认声明与提交者之间的所属关系，并验证身份持有人属性声明的真实来源。CID 将身份标识符的生成、维护，与身份属性声明的生成/存储/使用分离开来，有助于构建一个模块化的、灵活的、具有竞争力的身份服务生态系统。

CID 率先在通信行业进行了深入的应用。由新华网、中国电信、中国联通、腾讯、360 等发起的可信号码信息服务联盟中，微位科技通过 CID 平台实现了千万级电话号码白名单的安全确权共享。CID 很好地支持了以电话号码作为现实世界 ID 到数字世界加密身份的纽带，成为一套面向企业开放的、可信的“商业/社会”身份认证系统，服务了包括顺丰、平安科技、政府部门等 50 余万家企业和单位，为百万级商用电话号码提供了可信身份认证和验证。

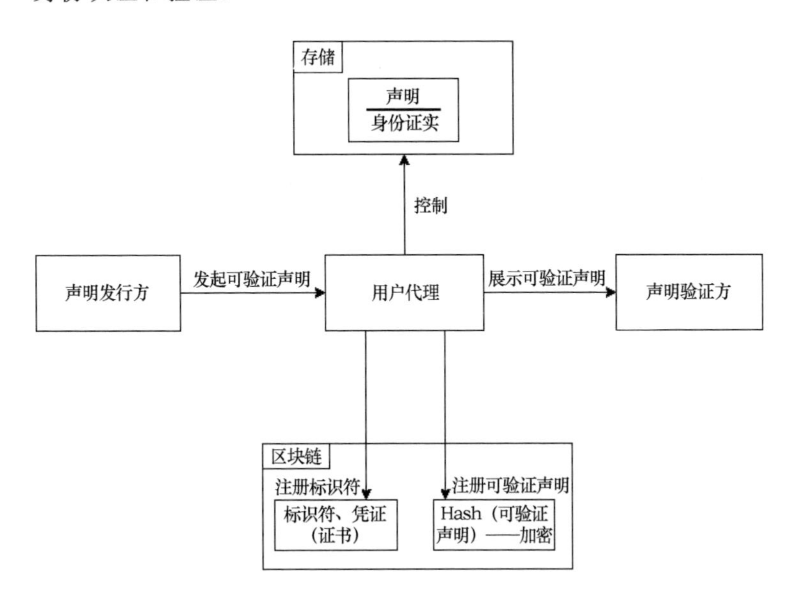

图 8-1 基于可验证声明模型的 CID

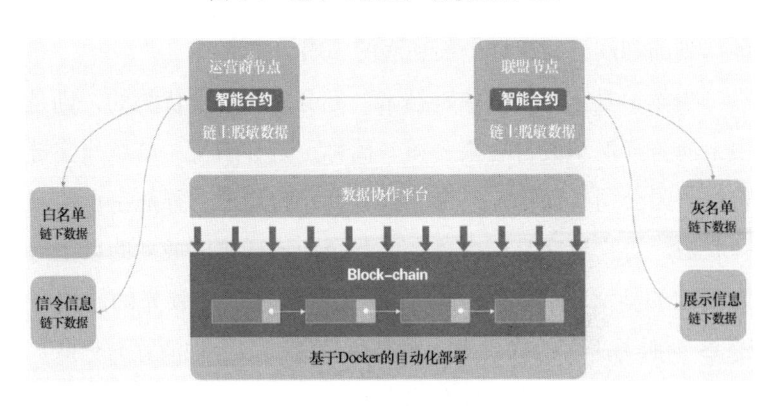

图 8-2 身份认证联盟链平台架构

在 CID 和身份认证联盟链的基础上，微位科技提供了来电名片、号百名片盒、企业智能名片、商业身份小程序、沃名片等去中心化应用程序，以及增值的 BI 商业情报服务。

第三节　吉祥航空可信品牌联盟：everiToken

在这个技术日新月异的时代，“闭门造车、故步自封”的企业最终只会被淘汰，而“主动出击、迎接挑战”的企业，则会通过主动更新业务架构、思考新的商业模式走向胜利。对于航空公司来说同样如此。那么，当下的航空公司应该如何利用区块链技术创造数字经济价值呢？

目前，基于社群思想的盈利方式，已经在航空市场上蠢蠢欲动。例如，达美航空积极发展异业联盟，预计每年能从异业联盟拿到 40 亿美元的收入；美国航空每年从积分、里程相关业务得到的利润已经超过全部利润的 50%。

当然，真正利用区块链技术，充分发挥社群优势的，则是由上海吉祥航空股份有限公司（简称：吉祥航空）与杭州宇链科技有限公司（简称：宇链科技）合作打造的吉祥航空可信品牌联盟。吉祥航空是国内著名民营企业均瑶集团成立的以上海为基地的新兴民营航空公司。宇链科技是全球领先的区块链 BaaS 云服务平台的提供者，也是可信数据、金融清算与分账、区块链可信安全芯片、分布式商业全套解决方案的提供者。二者基于以下几个方面的原因，提出了打造吉祥航空可信品牌联盟的方案。

（1）价值感的大大提升：传统模式下，航空公司只靠自己与一个个相关的酒店、餐饮等公司谈合作，价值不明显，成本高，周期长；但是，通过区块链打造的动态可信品牌联盟，则可瞬间增加合作伙伴进行点对点合作，只要上链即可无缝合作。

（2）最高效率的流量变现：能否将流量变现是传统公司和现代科技公司/互联网公司的主要区别；而航空公司的客户多为中高端客户，流量变现的效率和质量都远远高于普通互联网公司的客户，变现效率极高。

（3）忠诚度取决于影响力：当大量的商业领域（甚至是吉祥航空不直接接触的领域）都认可吉祥航空客户的尊贵身份时，客户的忠诚度将大大提高，忠诚的客户所带来的价值也远远超过机票本身的价值。

（4）带来额外的非航空客户：当该联盟做大做强之后，有些客户可能不坐吉祥航空的航班，但是却会加入吉祥航空的商业联盟，甚至为了积攒该联盟的积分而开始乘坐该公司的航班，形成商业闭环。

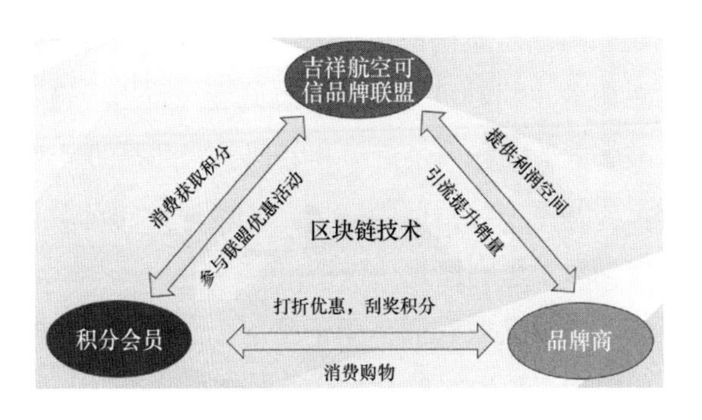

图 8-3　吉祥航空可信品牌联盟商业生态链

作为全球知名区块链技术 everiToken 的技术提供方，宇链科技率先实现了数据实时加密上链解决方案，测试环境下最高瞬时 TPS 高达 0.5 亿/秒。此外，宇链科技也是目前全球首个且唯一有能力提供去中心化秒级移动支付能力的区块链技术的，真正实现了可信积分的技术落地。因此，宇链科技为吉祥航空公司打造的基于区块链技术的吉祥航空可信品牌联盟业态将实现对传统联盟业态的降维打击，形成以下四大战略性优势：

（1）形成增量收入：让吉祥航空不再依赖单纯的机票收入，将机票转化为流量入口，精准导流形成增量收入。

（2）打破联盟壁垒：再大的联盟也只能覆盖少数类型的类似商家，无法打破客户壁垒；但是通过区块链，吉祥航空可将大中小各类企业和商户整合在一起，打破商业壁垒，创造全新价值。

（3）造就流量市场：当联盟建立起来后，买卖双方会通过区块链上的真实交易数据形成可信的数据池；通过区块链合约可形成超低成本的、可信的流量市场，形成巨大的商业价值。

（4）超强用户忠诚度：用户乘坐吉祥航空便可享受到全套流程的优惠服务，同时可形成品牌忠诚度，将用户锁定在吉祥航空可信品牌联盟业态内，避免和其他航空公司的恶性竞争。

此外，吉祥航空可信品牌联盟基于区块链的可信互导，也为航空公司创新了盈利模式，包括：

（1）售卖流量获取利润：无论是单个商圈还是跨商圈，导流所产生的消费，参与方和吉祥航空都可获得相应分红。同时，所有的清结算均可根据区块链上的合约完成，无须双方对账，成本极低。

（2）售卖联盟会员卡获取利润：类似于支付宝、黑卡、京东、爱奇艺、山姆会员店、开市客超市（Costco）等会员卡，直接售卖吉祥可信品牌联盟的会员卡，假设每张卡售价 199 元/年，100 万名会员即可带来 2 亿元人民币的年收入。传统的会员卡必须所有合作方都参与共同开发整个系统以获取相互信任，成本极高；但基于区块链的可信性，这种联盟会员卡的销售额和分红都可以做到公平，让每个人都愿意参与。

（3）营销大数据：通过链上精确的数据，形成大数据后台系统，可以采取付费的方式提供给需求者，从而提升转化率获取更多分润。

因此，我们有理由相信，区块链技术在未来将推动社会的各行各业朝着数字经济发展。

第四节　区块链，工业转型升级新动能

在 18 世纪蒸汽机的轰鸣声中，人类社会开始了轰轰烈烈的工业革命。而每一次工业革命都是由一系列重大技术的突破引起的，彻底转变了人类生产劳动的方式和思维。工业 1.0 时代是蒸汽革命，工业 2.0 时代是电力革命，工业 3.0 时代是信息技术革命，即将到来的工业 4.0 时代被称为智能化技术革命。而区块链作为当今最为炙手可热的信息技术之一，与工业 4.0 时代相遇之后又会擦出怎样绚丽的火花呢？

在传统的工业生产中，生产系统往往只是一个局域网或者是一个内部网，所有的信息都只在系统内部流通，数据较少，对信息安全包括防黑客攻击的要求并不高。但当工业生产进入到信息化时代，工业互联网单点连接人、数据和机器，纵向连接产业链，横向连接跨系统、跨厂区、跨地区。在这样一个全面互联互通的网络中，海量的数据在流通着，数据安全成为首要保障的关键问题。此外还有设备安全问题。工业互联网涉及很多设备和系统，规模庞大，中心化的网络中一旦有恶意节点加入，很容易影响到其他设备导致网络瘫痪，且大规模中心化采集、存储数据，也易造成数据泄露。

从产业上下游协同角度来看，当前生产端距离市场非常远，而且整个产业链各个节点在数据存储格式以及通信协议等方面不统一，协作沟通效率非常低下，工业生产难以及时动态地响应外部市场的需求变化。因此，整个工业领域迫切需要一种高效、安全的信息共享方式，实现产业上下游协同，从而及时掌握市场信息。

区块链的出现无疑为工业4.0时代转型升级提供了强劲动力。

首先，区块链可以为数据的存储、流通提供安全保障。区块链本质上是一个分布式账本，每个节点上都存放着完整的副本，分散存储抵抗了原先中心存储会出现单点故障的风险。同时，区块链将数据加密存储，防止无权用户对数据进行访问和篡改，可以有效解决数据安全的问题。此外，通过共识机制及智能合约，区块链可以帮助设备之间建立可信的关系，实现价值交换，并防止非法用户的入侵。

其次，区块链的链式数据结构，能够实现可信溯源、定责。所有的生产记录一旦上区块链，将很难被篡改。如果出现生产安全事故，包括企业本身、生产上下游，还有安全监管方，都可以很方便地做出责任认定。同时，基于区块链上可信数据的分析，也能够优化工厂制造的工艺流程，帮助企业发现问题、分析问题、解决问题，从而实现制造工厂的智能化管理。

此外，在工业生产中，区块链提供的信任机制可以极大降低生产成本。以智能制造为例，应用区块链可以省去一些由不信任引发的行为，比如供应商的背景调查、产品的质量检测等。以央企工业互联网融通平台为例，这个平台旨在实现物联网和工业云平台资源的互联互通，将十几家央企的工业互联网平台联合起来，建立一个融通机制。若结合区块链的数据安全共享特性和互信机制，将各个互联网平台上的数据、资源进行融通，可在安全互信的前提下，有效打通不同行业之间的信息知识壁垒，构建一个比较健康的产业化集群，实现协同制造或流程优化，从而提高工业生产力。

最后，区块链可以与数据孪生相结合。数据孪生，当下工业界最火的概念，是指把实体商品的全部信息构建成数字化虚拟模型，供交易参与方查看。数据孪生所产生的数据无疑十分重要，而区块链可以很好地保证这些数据的可信度、真实性和透明化。

总而言之，区块链在助力工业转型升级中主要扮演两个角色。

一个角色是作为工业 4.0 时代，工业智能化革命的基础技术。区块链把产业链上下游的信息通过一个可信网络安全传递，促进产业协作，提高了生产效率。另外一个角色就是价值互联网的承载体。在价值互联网中，传递的不仅是信息，更是价值。区块链这一变革技术，将驱动工业经济数字化、网络化、价值化，颠覆传统的工业经济模式。

放眼当今其他新兴技术，无论是5G，还是人工智能，云计算，抑或物联网，与区块链的结合对工业界而言都将如虎添翼。首先，所有这些技术的核心都是数据，区块链解决了数据的安全存储问题，而人工智能，可以从算法、算力方面为区块链在工业界的应用提高智能性。5G和边缘计算，可以为工业互联网业务端末梢的传感器提供快速接入、实时计算以及迅速响应，与区块链相结合后，设备和用户都能得到可信认证以及数据隐私保护。

不同领域技术的强强联合，对工业互联网的发展将大有裨益。目前，传统工业领域的从业者们也在积极参与区块链技术的底层研发及上层应用拓展，这让我们有理由相信，现在我们所畅想的美好，在未来的新型工业中都将会实现。

第五节　区块链与非遗和数字版权如何结合

龙玉门是苗族手工编制花带的非遗传承人，经常在凤凰古城前摆地摊，售卖手工编织花带。手工制作一根价值20元的编织花带需要耗费龙玉门半天的时间，同时在龙玉门的摊位旁边还有许多人售卖机器制作的编织花带，并且可以砍价。可想而知龙玉门的生意并不好，很多游客不买账，并且质疑龙玉门的编织花带是否是手工制作的。

卢群山是国家级非遗界首彩陶烧制技艺的代表性传承人，非遗界首彩陶已有千年历史，是唐三彩的前身，发展到现在只剩下卢群山老师一位非遗传承人，并且没有徒弟。我们在互联网上看到大量的卢群山制作的界首彩陶作品以几千、上万元的价格售卖，部分产品经向卢老师本人求证，大多是赝品，而卢群山老师家中的真品界首彩陶却堆积如山。这种现象在艺术品行业已是屡见不鲜，也是非遗传承人的一大痛点。那么区块链是否能赋能非遗的艺术品行业，使非遗产品传承有序呢？

非物质文化遗产是重要的文创资源，造假只是其中一方面，人才、资金、平台等，都对其产业化制约严重。我国虽然是非物质文化遗产大国，但许多非遗的生存境况却并不尽如人意。有技术没传承人、有意识没能力、有手艺没新意、有产品没市场……一些非遗传承人只能靠着政府的补贴过活，流传了上百年的老手艺眼看着就要失传。

而区块链技术的发展犹如一道曙光，给非物质文化遗产带来了新的机会。

非遗艺术品当下有两大问题难以解决，一是非遗艺术品难以准确认定归属权，二是非遗艺术品严重缺乏透明的交易过程。区块链作为一个分布式账本，可提供一个不需要审查、不可变更所有权的数据库，这就为非遗艺术品的确权和透明交易提供了有效途径。根据非遗产品的固有特点，我们将通过区块链的以下四个特点赋能非遗产品。

（1）不可篡改的特性。链上记载的所有信息全部是正向不可逆的，新的信息没有办法覆盖修改原有的信息，而原有的信息一经记录，就以一个确定的形态在链上被保存了下来。

（2）加密算法的特性。将明文的信息，比如说产品的制作者、持有人、产品 DNA 以及产品采取了什么样的技艺这些详细信息，转化成密文信息，能让信息的接受方通过密钥对密文进行解密，然后再获取密文信息。

（3）资产确权的特性。区块链技术保证了数据的确权，强化了数据以及其访问权的资产属性。

（4）点对点流通的特性。传统的艺术品流通，都会需要一个中间方，通过区块链我们可以提升买卖双方的互信度，不需要在中间环节进行监管，或者利用平台进行撮合。这种方式更加节省成本、提高效率，也能够保证数据的安全，不被第三方所泄露。

在实际操作中，我们可以在传承人把作品制作出来之后，用设备为这些传承作品拍照，记录它的身份信息。把这些作品上链。这样无论是消费者、收藏者还是投资者，将这些产品买走之后，都可以通过持有人信图，将购买者的电子签章进行上链保存，以此来保证作品是可被追溯的，从而保护了各方利益。

区块链与非遗领域的结合同样也面临着挑战，还有许多瓶颈问题需要解决。比如现如今和区块链技术进行匹配的技术中，有一部分是缺失的。举个例子，如果使用 NFC 技术去做产品的匹配时，由于目前苹果没有开放 NFC 技术，对使用苹果手机的用户来说，是完全没法实现匹配的。除了商业化方面的问题，还有信任方面的问题。现如今，有一部分用户非常认同区块链的优势，但也有另外一部分人，或者说有更大的一部分人，对于区块链是存疑的。为解决这些问题，我们身在区块链行业内的人，需要更加自觉、规范地去运作区块链的项目，与此同时，也需要向更多的人普及区块链的知识。

多年前，青神竹编大师陈云华凭借竹编产品《百帝图》一举成名。却不曾想多年后，我国著名画家卢延光认为这幅作品侵犯了其画作《一百帝王图》的版权，一举告上法庭。不管此案的判决结果如何，警钟却已敲响：版权问题绝对是非遗生产中的重要问题。

图 8-4 涉案侵权的《百帝图》台屏照片[⊖]

盗版问题是一个老生常谈的问题。原创者花了很多时间成本和金钱成本去创造作品，在被盗版后其经济利益会遭受巨大损失。那为什么会出现盗版呢？其核心问题在于版权信息不对称，作品交易撮合的效率低。作者想要维权，光是找律师、收

⊖ 引自：澎湃新闻 https://www.thepaper.cn/newsDetail_forward_1460975.

集证据、诉讼、执行的周期，就需要花费很多的精力和时间，最终在不得已的条件下只能选择放弃。而对于用户来讲，当用户想要使用一个作品，却联系不到原作者，最后只能铤而走险去侵权使用作品。让用户使用正版的作品，让原创者能够获得创作收益，这是一种我们想要追求的理想状态。

区块链技术与数字版权有着天生的契合性。通过区块链技术进行记账，把作品的权属信息加上作品的特征值、授权信息、维权信息共同上链，利用区块链技术为底层搭建出一个正版的生态。

区块链技术有不可篡改、可追溯的技术特征，可以追溯到版权的源头且不被篡改。同时，区块链是一个开放的、透明的数据库，人们将区块链和版权结合起来，可以让版权信息脱离一个单一主体的商业数据库，变成社区性质的数据库。作品交给商业机构和交给区块链，相比较起来，效果显然是不一样的。此外，区块链的分布式机制，可以有效地反盗版，这就是我们所讲的中心化的反盗版就是刺杀行动，而分布式的反盗版就是全民运动。

2019 年 3 月 28 日在中国版权服务年会 DCI 体系论坛上，版权中心联合国内多家头部互联网平台和核心机构发布了中国版权唯一标识（DCI）标准联盟链体系。DCI 体系与区块链技术相结合意味着 DCI 标准联盟链将会把版权产业链各环节联结起来，使得各参与方之间互信、共赢，让版权的价值在全网充分流动。

未来我们希望构建一个基于区块链技术的大型版权数据

库，通过这个数据库，进行版权登记、版权检索、版权监测、版权备案以及版权鉴定，在使用户可以便捷放心地使用正版内容的同时，为原创者穿上保护衣，保障原创者的利益，使原创者可以安心创作，不断为社会注入新鲜动力。

第六节　餐饮和票务行业中如何应用区块链

瓦特发明的蒸汽机颠覆了人类的生活，我们发现，从过去到现在，从蒸汽机时代到互联网时代，人们的生活无时无刻不在被这些“高科技”改变着，而区块链同样是一项革命性技术，可以改变人们的生活，但目前大众对这项技术并没有一个正确的认知。接下来，让我们一起“吃”透区块链。

在过去，如果我从你那借一只鸡，之后我想要赖账，是很容易做到的，于是大家想了个办法防止赖账行为的发生。当每一次发生借贷行为的时候，我们会召集 100 户人来开会，公正我借给你鸡的这个行为。我借给你这个行为，被在场 100 户人家见证，如果你想抵赖，改变 100 户人家记录的事实，几乎是无法做到的。如果这个村落有 1000 户人、10000 户人，记录会更加难以改变。那究竟什么是区块链呢？区块链就是人们把公有账本或者数据库存在多个地方，区块链的魅力就在于它通过共识机制解决了人们的信任问题。

有时我们在餐厅里会吃到一些比较贵的菜品，很多时候我们是没有办法去辨别这个菜品的真伪的。这时我们就可以尝试使用区块链中的公有链去解决食品造假的问题，当公有链被地方政府或者是某一个协会、某一家企业所认可时，造假的成本就会变得无比高昂。这对于消费者来讲是一种切实的保障，使我们可以放心地消费。

那么区块链如何解决合同问题和信任问题呢？可以利用区块链的智能合约功能。举个例子，当我们去签合约的时候，需要同时输入一个密码，如果任何一方不在同一时间输入密码或密码不正确，这个保险箱就无法打开，这个权益是无法解锁的。就像在租房过程中出现问题时，租客的押金拿不回来，中介或者房东的押金也拿不回来，直到双方的问题解决之后，才能够把这个押金共同返回去。

在餐饮行业里也是一样的，老板向员工承诺福利，员工会希望将承诺写入智能合约，不希望变成老板的一言堂。当问题产生时，老板与员工双方都可以通过智能合约这种更有力的方式去解决合同问题和信任问题。在现实中，只要有经营合同的地方，人们都可以通过智能合约来解决履约和赔付的问题，比如员工的劳动合同、期权，供应商合同、装修合约等。当签订合同的一方不能履约时，区块链能够为另一方，向司法和仲裁机构提供有效的法律证据。

过去十年，互联网为餐饮行业不断地进行赋能，具体可体现在外卖、点评反馈、电子后厨、点餐支付、供应采购等方面。现如今，“区块链+餐饮”的生态不仅为餐厅扩充了客流，还帮助餐厅改善了经营策略。区块链通过溯源防伪、储值监督、积分复购、改善生产关系、智能合约等功能，为餐饮行业带来巨大便利，也为餐饮行业带来了新的商机。区块链在给餐饮行业带来重大变革的同时，也同样深深地影响着票务行业，那么区块链技术是如何改变传统的票务，使它不再“只是一张票”呢？

当人们提到一张演唱会门票的时候，会包含什么信息呢？有些人可能会说票就是一张通行证，用简单一句话概括了所有事情，但事实却并非这么简单，一张票不只是一张通行证。从客户端（C 端）角度来讲，它是粉丝连接歌手的一个媒介，从主办方（B 端）来讲，它是用来记账、算账、和各个销售渠道之间结算的一种工具。在我们了解门票具有 B 端、C 端、粉丝入口的属性之后，我们就能知道票和票务，其实没有我们认为的那么简单。当人们知道票务不再仅仅是卖一张票那么简单时，票务面临更多的问题是如何通过卖票这种方式使得明星、歌手能够更好地触达消费者。

在说“区块链+票务”生态之前，我们先来分析一下当前票务在不同角度有着怎样的痛点。首先从主办方、歌手的角度来讲，他们希望通过一个最直接的方式把票送到粉丝那里，而不是让粉丝经常到剧院门前去问有没有二手票。其次从结算的角度来讲，主办方经常会遇到账期特别长的问题。这是因为人们经常通过层层分包的方式，把票包给一家票务公司，而票务公司为了消耗他们的库存，会把票再分包给其他的渠道，导致这些票虽然消化掉了，但是结起账来特别慢。对于整个产业链来说，它需要把最底层的结算先做好，然后一层一层向上传达，最后才能到达主办方和票务公司之间的结算，这就导致现在主办方经常会出现一两个月收不到票款的情况。

当票务行业尝试通过区块链技术实现去中介化，就能够实现主办方与消费者之间的透明化。票务行业将每一张票做成区块链中的一张通行证，从主办方到渠道，从渠道到用户，从用户到下一个用户的每一次流转在区块链中都是透明的、可溯源的、可以被票务方监管的。如此这样，票务流程就变得非常清晰。将票务通过区块链技术进行渠道优化，在主办方的角度来看，主办方有一个机会去定义和渠道商之间的智能合约，智能合约可以约定售票合同、售票时间等信息。当合约规定在开场前一个星期必须把票销售出去的情况下，如果不能按约出售的话，票就会流转到别人的手里，由别的渠道来卖。这样就避免了由于销售渠道不佳给主办方带来损失，同时也避免了渠道方恶意抬高票价，损害消费者的利益。总而言之，有了“区块链+票务”的生态，无论是从渠道管理、流程管理还是结算管理的角度来讲，都能够把原来一两个月的流程优化到一两天。

在数字化已经非常普及的今天，还有一个纸质化流程密集的场景困扰着快节奏的现代生活，那就是“发票报销”。发票的开具、流转、报账，往往充斥着大量的纸质环节、人工环节。如何能够在保证可信、安全的基础上，实现发票场景的去人工化、去纸质化呢？区块链为此提供了一个很好的解决方案。2019年10月，腾讯和中国信息通信研究院、深圳税务局联合代表中国在ITU-T SG16 Q22会议上首次提出“General Framework of DLT based invoices”（基于区块链分布式账本的电子发票通用框架），顺利通过新标准立项。

INTERNATIONAL TELECOMMUNICATION UNION
TELECOMMUNICATION STANDARDIZATION SECTOR
STUDY PERIOD 2019-2022

SG16-C529
STUDY GROUP 16
Original: English

Question(s): 22/16　　Geneva, 7 October -17 October 2019

CONTRIBUTION

Source: Tencent Technology (Shenzhen) Company Limited
Title: Proposal for new work item: General Framework of DLT-based invoices
Purpose: Proposal

图 8-5　电子发票标准立项提案㊀

2018 年深圳率先开出了第一张区块链电子发票，这象征着区块链在财会领域迈出了重要的一步。长期以来财会行业一直存在着诸多问题，业务流程冗长，需要高度重复的手工操作，耗费大量的人力和时间，而且对人力的依赖也带来了数据丢失、账簿作假、现金失窃等问题。区块链的数据可追溯性和不可篡改特性实现了对会计数据在空间与时间上的确认与防错，保证了数据确认的一贯性与精确性，有效提升了会计信息的质量与准确。同时在区块链技术的应用下，将主动披露企业财务信息转变为自动披露，将人工整理信息转变为网络自动整理，信息根据需求通过网络自动分派至各个主体。获得批准的用户可以看到所有交易，信息不对称问题将会被解决，而这会减少从业人员在抽样和验证交易时的工作，使得他们能有更多时间专注于控制和调查异常情况。总的来讲，区块链的应用会进一步推动财会行业从人工到自动化的转变，改变该行业的现有生态，

㊀ 引自：ITU-T SG16 Q22 10 月全会提案文稿 SG16-C529。

行业的重心将会从繁杂的信息数据收集、数据验证等基础工作，转移到面向应用的数据分析上。

现在区块链行业正处在一个脱虚向实的阶段，这意味着我们需要找到更多的区块链落地场景，从流量风口到精耕细作，帮助社会进步，提升人民的生活水平。

第九章

区块链与其他新兴技术的融合

第一节 区块链携手物联网，溯源应用的启示

物联网在 20 世纪 80 年代首次概念化以来，一直在不同时代、不同新兴技术的滋养下，不断进化。预计到 2022 年，普通家庭中物联网设备的数量将从 10 台左右跃升至 500 台左右。

近年来，物联网已渐渐融入人们的生活中，并且从各方面发挥着它的价值，提升了人们的生活质量。共享单车为人们提供了“最后一公里”的便利，智能手环成了人们的“贴身教练”，智能家居给人们带来了高品质的生活体验。这些物联网应用的价值在于，利用各类终端收集或产生数据，然后进行物与物之间的直接数据交互，进而产生更大的数据价值。随着人类社会中的数据量日益剧增，传统的互联网将无法承受如此庞大的数据量，而物联网将会在这一大数据时代扮演着至关重要的角色。

物联网不是单一技术，它包含许多如传感网络、边缘计算、射频识别等相关技术，组成了一个万物互联的体系。总的来说，物联网就是各种物联网终端、芯片通过无线或有线网络进行互

连并进行业务处理的一个分布式网络。放弃了中心化网络中集中管理的模式，物联网在获得了更高的灵活性与可靠性的同时，也面临着一系列问题。各类终端形态各异，如何进行可信识别？分布式通信缺乏统一的消息加密与认证体系，数据传输的安全如何保证？分布式通信所带来的巨额带宽消耗又该如何解决？这些问题都是物联网在其发展道路上所必须面对的。

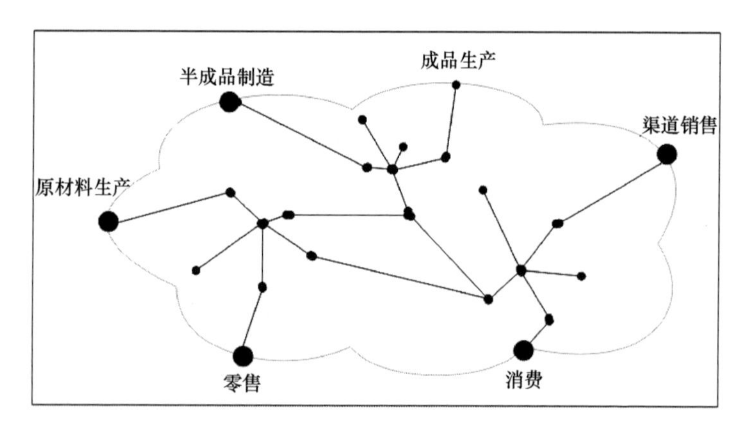

图 9-1 区块链与物联网参考架构㊀

大多数新兴物联网平台都是基于云的，并且有一个中央集线器，然后为智能设备提供后端服务。集中式物联网的最大问题如下：

（1）安全：谈到物联网，这个问题被一次又一次地提出来。由于连接的设备如此之多，用户很难保护他们的个人数据和使用模式不被泄漏。连接的设备越多，漏洞和安全威胁就越多。

㊀ 加雄伟，严斌峰. 区块链思维、物联网区块链及其参考框架与应用分析[J]. 电信网技术，2017（005）.

这也为黑客攻击创造了更多的途径。

（2）云攻击：大多数物联网都有云架构，这意味着大量且敏感的数据将存储在云上，使云提供商很容易被黑客盯上。在明显位置集中整合数据的地方，网络安全威胁迫在眉睫。

（3）昂贵：据世界经济论坛（World Economic Forum）估计，目前物联网不仅管理和部署成本高昂，而且如果一家云提供商遭到黑客攻击，可能会造成500亿～1 200亿美元的损失。集成成本很高，具有物联网功能的设备的成本也可能上升。

（4）隐私和数据存储：公司本应对大量的消费者数据负责，而这些数据不是被存储在不安全的集中式数据中心中，就是被不良商人盗取兜售。能够合理利用、存储和充分保护这些数据是一项难度极高的挑战，将它们存储在云中被证明是一项风险极大的战略。集中式物联网加剧了个人身份信息（PII）的蔓延危机，使消费者每天都是这一危机的受害者。

（5）基础设施不足：物联网和促进连接的服务器—客户端模式存在主要的连接问题。虽然它目前确实运行平稳，但缺乏长期可伸缩性。预测到2022年将有多少物联网设备需要网络支持，很难想象一个由当前已经低效和不安全的集中式模型支持的正常运行的网络在未来的状况。

集中式服务目前可能还在发挥作用，但它们不是支持未来大规模设备设计的长期物联网解决方案。将数据和后端服务从集中式服务器上移走，将是物联网功能以安全方式充分发挥潜力的关键。分散的物联网将使设备连接和数据存储通过节点变得不可信，这些节点可以在没有中央权威的情况下运行。分布式模型更加高效、安全、经济，甚至可以为物联网释放尚未预见的剩余利益。

区块链对于物联网来说，能够解决许多分布式网络所带来的可信问题。首先，区块链账本为分布式网络提供了原本难以统一的认证体系，使得物联网所涉及的多方终端能够对彼此进行身份认证。其次，区块链的数据加密算法使区块链所存储的数据无法被篡改，传输中的数据也能保证其数据安全。还有最重要的一点，区块链提供了一个数据不能篡改、操作可追溯的分布式可信网络，为物联网中的各个组织与个体构建了一个互信模型，使得物联网可以持续安全稳定地运作。基于上述优点，市场上已经出现了大量“区块链+物联网”的新型应用，大大刺激了这两个产业的发展。

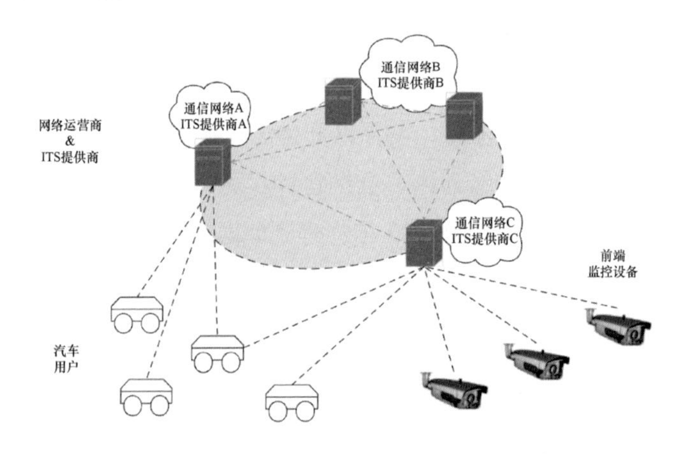

图 9-2　物联网区块链在智慧交通的应用[⊖]

⊖ 加雄伟，严斌峰. 区块链思维、物联网区块链及其参考框架与应用分析[J]. 电信网技术，2017（005）.

基于区块链的分布式物联网架构将为万物互联时代带来诸多优势：

（1）安全性提高：区块链为设备提供无与伦比的安全基础架构，将基于云的存储架构彻底摧毁。分布式网络缺乏单一的入口或黑客可以进入的漏洞。加密签名使黑客攻击变得异常困难，任何来自真实来源以外的信息在网络上都是无效的。

（2）数据防篡改：分散化应用程序受到篡改的风险会低很多。因为分布式分类账技术（DLT）使用的非对称加密技术，可以在分类账上给交易数据和其他相关信息加上时间戳并进行永久存储。

（3）更加实惠：当通过将物联网放在分布式网络上，并通过分布式分类账技术和区块链存储数据来消除安全漏洞时，物联网将变得更加经济实惠。服务提供商目前垄断了物联网和支持设备的成本。分散化将使物联网更容易访问，也更容易预防或避免黑客造成的损害。运营集中式物联网系统和所有相关成本的中介也将通过物联网分散化而消除。

（4）数字化信任：使用物联网的各方和设备之间的信任将使用分布式分类账进行验证，智能合同实现自动化，而不必信任集中式服务提供商或其他参与者来存储数据或控制其设备连接。区块链使智能设备能够独立运行和自我监控。这些小型“分布式自治公司”可以由分散的物联网组成，能够根据特定家庭或行业的预定逻辑独立运行。例如，它可以完全消除中介机构，实现完全自动化的金融服务或保险结算分配。

区块链的物联网应用有潜力渗透到人们日常生活的几乎每

个部分。随着我们越来越依赖设备，我们也会越来越依赖物联网。随着物联网转向分散的、基于区块链的未来区块链物联网应用，我们几乎每小时都会使用这些应用，甚至不会意识到我们正在参与“物联网中的区块链应用”。可以说，哪里有从设备收集和部署的数据，哪里就有物联网。为这些设备连接中心创建加密安全的数据库将是区块链物联网应用场景研究的核心问题。

下面以几个区块链+物联网的典型场景来介绍这两个技术结合会出现怎样的化学反应。

（1）汽车工业：作为一个部分密集型产业，汽车工业领域可以与区块链很好地进行结合。集中供应链和基于信任的分销是人们制造和获得日常使用车辆的当前模式。物联网可以用来自动更新区块链的分类账，以保持透明和不可变的车辆记录。这将有助于提高整个行业的透明度，并使销售“柠檬车”变得几乎不可能。零件来自众多不同的供应商，实施区块链应用程序和物联网来帮助在防篡改和认证系统中跟踪这些零件，将改善车辆的购买、销售、制造和分销方式。

（2）智能电器：智能电器是未来的潮流。较新的房子和建筑都有可以连接到其他设备、手机应用和互联网的设备。智能设备数据可以存储在区块链中，而不用存储在中央服务器或基于云的存储解决方案中。这将有助于保护个人信息和家庭物联网网络的安全。数据可以用来降低整个电网的能源成本，而无须使用公钥/私钥密码将信息与个人或特定家庭联系起来，从而从数据中解析身份，同时保持数据的真实性。

正如实际应用中所呈现的那样，物联网会积累数据，数据通常会被集中存储到某一个数据中心，而中心化的存储方式是不安全的。分布式机器网络是比集中式物联网数据存储更好的“分散式”解决方案。该机器网络将能够传输和存储数据，并使用分布式无线网络（DWN）来为设备之间的通信提供开放的信道。

消费者可以通过区块链平台直接进入能源市场。设备可以连接到这个平台，实时上传数据，这样可以减少因为资源浪费造成的损失，同时电网增加了收入，可以为大众提供更具成本效益的公用事业。

IBM 公司在报告中指出，对于物联网的发展，区块链有以下三方面助益：建立信任、降低成本和加速交易。

2017 年春天，面向数字转型领导者的物联网书籍《数字化或死亡》的作者尼古拉斯·温德帕辛格（Nicolas Windpassinger）写到了区块链可以在物联网领域解决的实际问题，以及区块链如何加快物联网的发展。为了实现信息交换，物联网设备将使用智能合同，为双方之间的协议建模。

区块链技术有望弥补点对点契约行为中的缺失环节，无须任何第三方即可“认证”物联网交易。它以非常一致的方式回答了可扩展性、单点故障、时间戳、记录、隐私、信任和可靠性的挑战。

区块链技术可以为两个设备提供一个简单的基础设施，通过安全可靠的带时间戳的合同握手，在彼此之间直接传输一块财产，如金钱或数据。为了实现信息交换，物联网设备将利用智能合同为双方之间的协议建模。此功能支持智能设备的自主运行，而不需要集中授权。如果用户随后将这种对等事务扩展到人对人或人对对象/平台，那么他最终将拥有一个完全分布式的可信任的数字基础架构。

不过，发展的道路上，机遇和挑战一直都是相伴相生的。

著名咨询公司弗雷斯特的分析师玛莎·班尼特在与人合著的《从现实中解开炒作：区块链对物联网解决方案的潜力》报告中，定义了物联网和区块链生态系统参与者必须应对的三类挑战：

（1）技术的安全性。在物联网应用场景中，安全性是首要考虑的问题。值得注意的是，尽管区块链也为保护物联网数据安全提供了技术方案，但区域链本身的安全性还存在一些争议。数据隐私等技术性能还有待提升。

（2）运营挑战。从新技术到实际业务场景中的规模化应用，区域链还有一段路需要走。这里面涉及很多行业标准的制定、协议的商定，以及生态的构建。IBM 关于区块链供应链的产品，就是一个例证。

（3）法律和合规问题。物联网应用的一个很大问题是设备采取行动时的责任归属。这些行动基于一个规则，该规则由一个智能合约自动执行，并由另一个智能合约触发。

此外，区块链与物联网的结合，往往还需要人工智能等其他技术的助力，才能创造指数性增长的价值。IBM 已经开始将区块链应用扩展到认知物联网的研究中。事实上，这一发展思路的最佳组合是将人工智能、物联网和区块链这三者相结合——这一观点已被证明是各行各业以及无数可能的物联网应用中最有趣、也最有前景的。

传统农业溯源场景中，有三大障碍：

（1）溯源相关的信息系统相互独立，形成数据孤岛，用户难以获得全面真实的数据，各环节也不能进行高效的流通。

（2）中心化的数据存储，各系统属于独立的企业或部门，出于利益考虑，可能存在数据篡改问题，以达到掩盖串货、假货的目的。

（3）传统溯源数据没有得到充分的利用，尤其是数据提供方无法证明数据是否造假，数据来源是否有联合造假，影响溯源领域的数据诚信。

“区块链+物联网”防伪溯源应用是二者结合的一个典型例子，其利用区块链的可追溯、不可篡改性质，为商品建立全生产周期的信息记录。人们在购买商品后，可利用区块链的查询功能，查看商品生产中各个阶段的质量把控状态，当发生质量问题时，也可以追溯到源头进行追责。举个例子，京东的“扶贫跑步鸡”项目为农户的鸡戴上智能脚环并绑定一个 ID 以记录“跑步鸡”的步数，同时会将养殖人员每次的喂食、检疫记录一并上传到区块链上。此外，“跑步鸡”的配送全流程也将对应 ID 同步到区块链上，为每一只鸡构建完整闭环的全生产周期状态记录。因此，人们在购买这些“跑步鸡”的时候，通过脚环上的二维码即可知道这只鸡是否为放养鸡，各项检疫是否及格，屠宰配送是否卫生，从而买得开心、吃得放心。

除了“跑步鸡”之外，“区块链+物联网”的防伪溯源技术也被广泛运用到了其他有溯源需求的场景中。天猫国际溯源体系为每个跨境商品打上“身份证”，运用区块链技术跟踪商品的全链路信息并提供实时查询功能，提升消费者的消费体验。深圳市区块链电子发票连接了所有发票关系人，利用区域链不可篡改、可追溯等特性完善了发票监管流程，杜绝出现假发票、一票多报、发票验证难等问题。区块链溯源应用的发展能够如此迅速，是由整个产业环境所决定的。如今的商品经济已经很成熟，但商品的假冒伪劣问题一直存在。这个问题涉及生产、物流、零售等各个方面，多方之间的不可信关系使得问题难以解决。恰好，区块链就是这样一个解决分布式多方可信问题的技术，很好地迎合了行业需求。除了特性吻合之外，技术落地的可行性与市场支持也是两个重要的因素，而这两者通常是相互依存的。区块链溯源的操作方法简单，只需要采集、上传数据，并且这套操作可以贯穿整个流程，对商品经济原本的运作并不会产生影响。由于操作简单并且原有商品的生产、销售体系没有动摇，因此业界对这一“增值技术”的接受度与支持力度都很高，区块链商品溯源应用也能被大量推广。

例如，全链通结合物联网、区块链等技术建立了一套“智慧农业——区块链可信溯源平台”。通过物联网终端设备采集牲畜相关信息数据，上传至区块链溯源平台进行数据存证，达到畜禽全生命周期的监控、食品全流程的可信溯源。集畜牧业生产、动物防疫、动物检疫、畜产品安全监测、畜禽屠宰管理、动物卫生监督、动物及动物产品追溯等关键性业务为一体的畜牧业信息化办公、服务、管控系统。促进畜牧业的资源整合、数据共享和业务协同；为畜牧业养殖经营主体提供畜禽智能养殖，加快现代畜牧产业的转型升级。

图 9-3　全链通区块链可信数据平台官网

这套系统利用区块链记录地理位置信息、产品质检信息、人员信息，建立品牌厂商产品源头诚信数据。结合物联网（IoT）、二维码、RFID 以及各种传感器技术，采集食品生产、流通、特征信息，同时配备动态时间戳，多层嵌套，联合验证。采用食品包装、运输防伪技术数据，将数据入链，提供仓储和物流的防伪诚信行为数据。将诚信数据上链，帮助用户辨识食品质量，树立诚信企业品牌形象，降低行业监管成本。

通过与物联网终端配合，系统实现了消费溯源、食品安全监管、消费评价、行业数据报告等功能模块。如，在“鸡蛋溯源”场景中，各前端摄像机是智能监控可视化溯源系统最基本的管理组成单元，其通过网络将高清网络摄像机和路由器进行互联互通，接入系统平台。管理部门可根据使用需求和实际情况，对各个监控点进行实时监控，并可随时查看视频录像，发现问题，及时处理，从而大大提高工作效率。通过对雏鸡来源、饮食水来源、生命健康指数、养殖环境、检疫信息、疫苗、用药记录、药品来源、产蛋、加工、物流等环节全流程信息上链，建立用数据说话、用数据管理、用数据决策的管理机制，提升智慧监管能力，提高产品质量；同时实现了产业链各环节间的信息追溯，和生产加工过程中的质量安全关键控制点信息的公开和透明。目前已经在畜牧、禽类、茶叶等行业率先试用。

不过，在溯源场景中，区块链也并非万能方案。区块链用于商品溯源虽确切可行，但数据上传的人为操作是否合法，数据源头是否真实等问题，需要对区块链方案进一步完善，甚至配合其他技术手段、机制手段加以解决。

第二节　区块链×5G，给明天加速

2019 年 6 月 6 日，工信部向中国电信、中国移动、中国联通、中国广电发放了首批 5G 商用牌照，标志着我国正式进入 5G 商用时代。随着 5G 的热度持续升温，各领域从业者都在发挥着最大的想象力，尝试勾勒 5G 时代技术、产品、商业模式的新蓝图。

那么，如此引人遐思、备受瞩目的 5G，究竟是什么？

5G，是指第五代移动通信技术，5G 的三个重大应用场景分别是增强移动宽带、超高可靠超低时延通信以及大连接物联网。5G 网络有着更快的速率、更低的功耗、更短的延迟、更强的稳定性以及更多的用户支持等优点。移动通信技术的前四代是面向人与人的通信，而 5G 将致力于解决人、机、物之间的通信。因此，未来的 5G 网络将催生更多物与物、机器与机器之间的通信。与 4G 相比，5G 的三大特点将推动各个领域多样化新应用的出现，比如 4K/8K 的高清视频，AR/VR 的颠覆性应用，以及基于 5G 的自动驾驶技术等。

然而，作为一项底层通信技术，5G 并非无所不能，目前尚有用户隐私信息安全、线上交易信任确立等问题亟须解决，而针对这些问题，部分国家的电信运营商们正在尝试结合区块链技术补足 5G 等底层通信技术的短板。

2019 年年初，西班牙电信集团 Telefónica 与区块链企业网录科技，在区块链和移动安全领域开展合作，推出了一款基于区块链的跨链移动钱包 Demo。该钱包结合了网录科技孵化项目万维链的跨链和隐私保护技术，以及第三方公司的身份认证技术与私钥管理技术，希望能够为西班牙电信旗下的千万台手机设备提供运营商级的身份认证和电子商务保护。

那么，区块链和 5G 作为当今最受关注的两种科技，如果被结合到一起，将会迸发怎样的火花呢？

5G 一个非常重要的应用场景是物联网。物联网技术让高科技感应器变得“能言善辩”，让没有生命的实体之间也可以“传情达意”，被认为相比于互联网具有更高的智能性，因此具有广阔的发展空间。但当前传统物联网主要发力于窄带网络上的应用，经过多年发展，已步入瓶颈期。物联网应用发展的重点一方面在于物联网节点的大规模部署和高速通信，另一方面在于对来源广泛的物联网数据的使用和交换。5G 时代的到来，助力物联网基础设施呈现质的飞跃。基于 5G 的万物互联的实现可为物联网应用的发展带来无限可能。但数万亿级的节点部署、万物互联、互相提供服务，对数据的安全、数据及价值的交换交易模式提出了新的挑战。如何在万物互联的时代实现数据及价值的安全、公平交易呢？这是 5G 时代物联网发展需要面对的新课题。

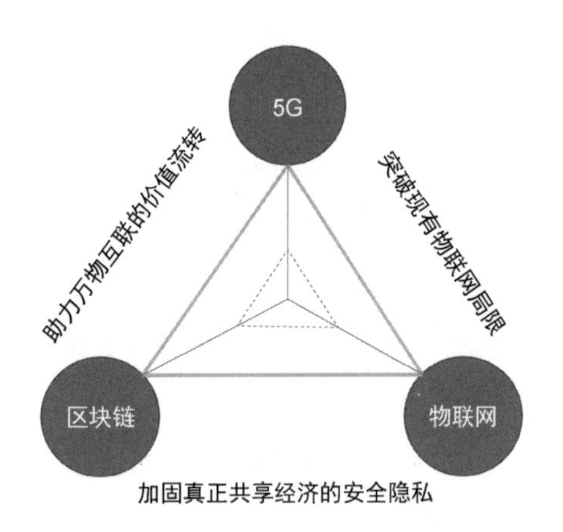

图 9-4　5G+区块链+物联网，构筑融合科技“铁三角”

区块链作为一个分布式账本，是一种特殊的数据库，所储存的数据很难被篡改也不易丢失。随着物联网的迅猛发展，安全、隐私泄露、数据造假、标准不通、认证方式不同、互不信任等风险及问题进一步暴露。通过 IOT 协议将数据写入区块链节点，同时把业务以智能合约的方式写入链码，可保证多方协作和物联网本身的信息安全。区块链具有点对点、公开可验证、防止篡改和智能合约等特性，与 IOT 结合后将产生重要的影响。此外，通过设计激励机制，可保证物联网的参与各方进行自组织的运行、协同工作。因此，区块链可解决物联网应用中的数据安全、价值交换问题，成为推动物联网应用发展的重要底层技术。

区块链作为一种部署在互联网上、底层是分布式账本的技术，其数据同步，需要进行大量实时的数据通信（共识机制本身、数据写入节点时在网络中广播）。5G 技术能够大大提高区块链自身的可靠性，减少因网络延迟引起的差错和分叉，基于互联网的数据一致性将会大大改善。5G 的低延时和大带宽技术特点能够为区块链交易提供更加稳定、高速的通信基础能力，而区块链可以为 5G 的上层应用提供一个可信任的价值交换机制。区块链与 5G 的结合将在未来价值网络时代颠覆更多传统领域。

基于 5G 的大规模物联网应用让万物互联以后，人们的未来将不再只是通过以人为中心的节点进行相互联系，可能更多地会通过以物为中心的节点进行相互联系。智能交通、智能驾驶、远程医疗等应用均需要智能终端和云端之间交互大量的数据，5G 技术的出现将进一步帮助这些场景的落地和发展。同时，5G 应用后，随着多领域数据量的急剧扩大，必然拉动云计算和云存储产业的快速发展。但随着 5G 时代数据量的爆发，数据确权、价值流转都将成为万物互联的发展障碍，而这正为区块链技术提供了用武之地。分布式账本和加密机制让用户的隐私得到保护，同时，区块链自带的经济模型为成员企业间共享共生、互惠互利形成生态提供了解决方案，打通集团内部、联盟企业之间用户数据共享流通的障碍。

在有了区块链以后，我们把过去的互联网称作信息互联网，而把区块链称作价值互联网。而在有了5G之后，我们更多地愿意称5G为推动产业互联网的关键技术。但是不管是价值互联网还是产业互联网，仅用单条腿走路的话都会有一些弊端，我们更期待的是区块链和5G的共同发展给我们的生活带来更多的便利。

区块链与5G、物联网、云计算以及人工智能的深度结合和共同发展，将在智慧城市、数字社会、资产上链等各种应用场景中发挥更大的效用。其中，区块链主要对现实物理资产进行确权，通过智能合约等技术，使得通证化的物理资产在链上更灵活、更自由地流转，丰富市场层次，充分激发生产力；5G主要提供高速数据传输，使得人与人、人与物、物与物之间更高效、可靠的连接成为可能；物联网主要提供数字化物理世界的基础平台；云计算主要提供便捷、按需获取和可配置计算资源的共享网络服务，降低数字经济时代的创新成本；人工智能主要利用机器学习、知识图谱、NLP、计算机视觉等技术推动传统业务转型升级，降低成本损耗、提升效能。5G、物联网与云计算为数字社会等提供通信和计算资源，并产生大量的有价值数据，由区块链进行数据确权与市场治理，而人工智能算法在区块链的调配与管辖下，提取大量有价值数据中的信息并进一步产生更有价值的社会应用。未来算法总体发展趋于模块化、产品化，互联网公司将从数据的垄断者逐渐蜕变为算法模块的提供者。

可以说，5G 技术的加速商用，将进一步推进当下的大数据、人工智能等一系列新兴技术的发展。万物互联、资产数字化和区块链+实体，将是 5G+区块链赋能未来数字经济的三个维度。目前，包括供应链金融、可信溯源在内的多个领域已开始积极探索 5G 和区块链相结合的应用场景。未来，通过进一步融合人工智能等前沿技术，相信 5G 和区块链所共同构建的价值网络基础设施平台，将培育出更多富有想象力的应用，爆发更多能量。

Telecoms.com 会定期邀请第三方分享他们对该行业最紧迫问题的看法。联合利华交易和清算服务副总裁兼总经理丹尼斯・默斯在一篇文章中探讨了区块链在 5G 时代为运营商带来的一些机遇。

从表面上看，运营商乐观地认为，他们将在 5G 时代创造新的机会和新的收入。但是 5G 给运营商带来了新的复杂挑战，包括为新的网络技术及其能力开发有效的商业模式。

5G 的商业成功将取决于在电信行业久经考验的、消费者市场之外的、垂直市场中的新伙伴关系和服务。为了使这些合作伙伴的关系和服务获得成功，运营商必须投资并开发技术和机制，以实现这些服务的货币化，并确保价值链中的每个贡献者和外部合作伙伴都能获得其公平的收入份额。

在早些时候，电信研究公司 Heavy Reading 代表联合利华对运营商进行的一项全球调查发现，近 60%的运营商打算在其 5G

计划中更加关注企业生的态系统和服务。与此同时，74%的人说协调多个合作伙伴是他们在5G准备工作中的一个挑战。

为了更好地理解这一点，让我们更深入地了解一下调查中这些矛盾的结果，看看市场将如何演变，以及运营商需要实施哪些措施来从由不同参与者组成的新生态系统中赚钱。

5G更快的速度、额外的容量、低延迟和强大的分布式计算能力为各种全新的、前所未有的服务提供了发展潜力。然而，许多这些服务超出了运营商自身的交付能力。调查中，超过半数（51%）的运营商表示，目前系统并不能支持5G服务中的多方计费、对账和支付解决方案的技术要求。这些数字表明，运营商仍有一条路要走，那就是在未来两到四年推出5G产品时，要使其符合目的，就必须建立必要的流程和系统。

正如今天的4G网络演进分组核心将难以处理5G特定的服务一样，当前的运营商计费和结算系统也将难以处理5G所需的更复杂的服务链。但是，为了让运营商为消费者和企业客户共同创造新的、多样的产品，他们将通过采取以下四个步骤负责编排、管理和货币化这些产品背后的5G服务链：

组装服务链：运营商将负责服务的要素，无论是由运营商自己提供（安全、分析或网络切片），还是由第三方提供（内容交付、托管应用程序或媒体、基于云的存储或私有5G网络）。

验证和认证：运营商需要确保链中的外部第三方参与者——加上它们提供的功能或服务——是真实的，并且其插入价值链的服务不是具有欺诈性或不安全的。

指定、收集和跟踪：只有通过准确收集和记录服务链中的每个使用数据元素，运营商才能公平地将收入分配给所涉及的每个合作伙伴和供应商。

货币化并完成使用记录的最终清算和结算：一旦数据被正确记录，必须支付给正确的当事人。

如何应对 5G 时代海量应用场景中多方协作的复杂需求和挑战，答案在于区块链。凭借其可扩展性和内置的透明度，基于区块链分类账的计费和结算为运营商提供了一种准确管理日志记录、结算和结算流程的方式，从而大大增加了 5G 将为双方之间带来的商业交易。

具体来说，5G 将依赖互联网、托管技术和平台。清算和结算流程必须能够保证安全清算以及货币化各种类型的关联交易，包括漫游、物联网以及其他相关流程。区块链为 5G 服务链中的每个参与者提供事件、可计费使用和已执行交易的相同可验证证据。

利用区块链技术解决下一代服务的准确、高效多方计费和结算问题的试点项目已经在进行中。今年 5 月，运营商 Orange 和 MTS Russia 参与了一个概念验证活动，该活动使用开源区块链技术来即时创建、验证和查看新的批发计费和收费流程，以便在服务链合作伙伴之间进行清算和结算。据 Orange 和 MTS Russia 报告称，基于区块链的解决方案在漫游清算和结算方面实现了显著的效率提升，并改善了运营效率、可审计性和合同管理。这些结果表明，随着电信业向 5G 方向发展，区块链可以做出贡献。运营商需要彻底改造它们的后端系统，以管理 5G 由相互连接的合作伙伴和网络组成的更加复杂的生态系统。这样，区块链正成为运营商有效管理其5G生态系统的新基石。它通过高效、安全、可扩展和透明的流程来实现这一点，并支持对5G未来的成功至关重要的多方协作。

第三节　区块链与大数据，开启数字时代新篇章

在新一代信息技术中，区块链和大数据看似是完全不同的两种技术，但实际上在各自全面发展的同时，也在一些应用中互惠互补，呈现出了意想不到的效果。

近年来，智能手机的快速发展与社交网络的流行导致移动数据急剧增长，数据呈现出数量大、碎片化、分布式、流媒体化等新特征，我们将其称为大数据。大数据的这些新特征，不断推动着并行计算、分布式系统以及数据挖掘理论的发展。大数据概念开始风靡于全球，源自于2011年麦肯锡全球研究院发布的《大数据：下一个创新、竞争和生产力的前沿》报告与2012年维克托·舍恩伯格的著作《大数据时代：生活、工作与思维的大变革》的宣传推广。而2013年麦肯锡全球研究所发布的研究报告《颠覆性技术：技术改进生活、商业和全球经济》中，明确指出未来的12种新兴技术，均以大数据为重要的基石。

大数据是由数量巨大、结构复杂、类型众多的数据结构形成的数据集合，在合理时间内，通过对该数据集合进行管理、处理并整理，可以提供辅助政府机构和企业进行管理、决策的信息。大数据通常具有以下几种特点：

（1）大量：即数据体量庞大，包括采集、存储和计算的量都非常大；

（2）高速：要求处理速度快，能从各类型的数据中快速获得高价值的信息；

（3）多样：数据种类繁多；

（4）价值密度低：由于数据的产生量巨大且速度非常快，必然会形成各种有效数据和无效数据混杂的状态，因此数据价值的密度低；

（5）在线：数据永远在线，随时能调用计算。

从特征上来讲，数据本身有两种主要的属性，一种是属性化的数据，比如说我是谁、我在哪儿之类的数据，另一种是关系数据，比如我今天为什么会在这儿之类的数据。属性化数据的价值低，而关系数据的价值高。比如，基于某个男孩的肖像数据与行为数据等大数据分析可以对这个男孩的某种特质，如习惯、爱好和性格做出一种判断。如果判断出他喜欢摄影，同时另一个女孩也喜欢摄影，那么他俩就有共同的爱好，所以这就能推导出一种关系型数据，而关系型数据的价值就非常高了。

而近年来，区块链蓬勃发展，逐渐在计算机技术中开始扮演核心角色。区块链是一种用于加密存储和传输信息，保证其安全性的分布式数据库技术。数据库中的每条记录都被称为一个块，并包含交易日期和前一个块的链接等详细信息。

相对于中心化系统，区块链的主要特点是权力分散。事实上，区块链网络中没有人能完全控制所有输入的数据及数据的完整性。网络中的各个节点都在不断执行数据校验，保证这些不同的机器拥有相同的内容。事实上，一台计算机上损坏的数据是无法上链的，因为它与其他计算机上保存的等效数据不匹配，不会得到区块链网络的承认。简而言之，只要区块链网络存在，存储的信息就能保持不变。

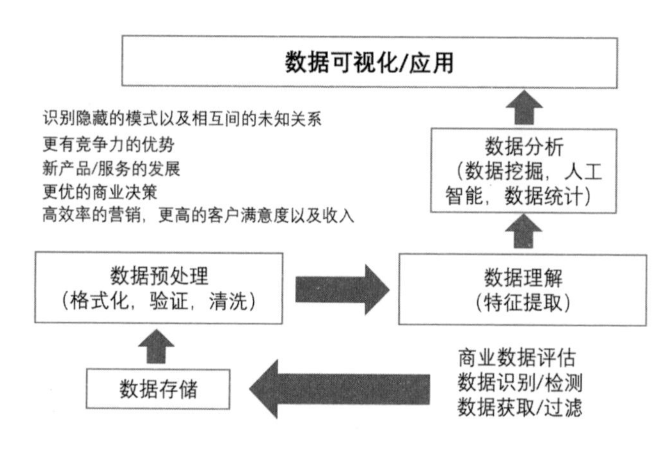

图 9-5　大数据分析流程[⊖]

由于区块链天然的安全属性，区块链实际上可以支持安全共享任何类型的数字化信息。这就是为什么可以在大数据领域使用它，特别是用来提高数据的安全性或质量。例如，在医疗保健环境中不妥当的数据管理会引发患者被误诊或测试结果丢失、损坏的风险。医疗体系可以使用区块链来确保数据的安全、质量以及同步更新。通过将健康数据库放在区块链上，医院可确保其所有员工都可以访问单一的、不可更改的数据源，而且数据泄露的风险极低。

⊖ 引自：2018 Xanadu 公司大数据分析报告。

那么，如果将区块链技术与大数据融合，将有助于突破哪些发展困境？

首先，区块链可以助力大数据安全共享，降低泄露风险。如今的海量数据都来自于个体衣食住行的方方面面，涉及个体极其敏感的隐私，一旦泄露，后果不堪设想。使用区块链技术，可以保证有权限的人才能对数据进行访问和操作，而且数据不会受到轻易篡改，大大提高了大数据本身的真实性和可靠性。比如医院体系中可能需要与各类健康机构共享健康数据的单位包括法院、保险公司或患者的雇主。但是，如果没有区块链，此过程可能会带来风险。

其次，区块链补充了数据分析技术。例如，2017 年，一个由 47 家日本银行组成的财团与创业公司 Ripple 签署了协议，以促进银行账户之间通过区块链的资金转移。通常，实时转账成本很高，尤其是因为存在双重支出欺诈的风险（使用同一资产进行两次交易）。而区块链可消除这种风险，避免出现“双花现象”。此外，大数据分析可以识别风险交易，区块链允许银行机构实时检测欺诈企图是更加值得期待的。区块链还允许银行实时探索数据以识别客户行为模式，也是因为区块链保存了每笔交易的记录。因此区块链和大数据的融合有可能最大限度地加强了银行交易的安全性。

另外，区块链将数据的控制权还给了个体。根据戴尔 EMC 服务首席技术官比尔·施马佐的说法，区块链允许个人重新获得对其个人数据的控制权，从而将其货币化。消费者能够在没有第三方干预的情况下控制谁有权访问他们的块链数据。例如，他们可以请求产品折扣以换取个人数据。最终，区块链可以创造新的市场，让个人和企业从事数据交易。

据估计，到2030年，区块链分类账价值可能超过VISA、贝宝（paypal）和万事达卡（mastercard）的总和，能够占据大数据市场总额的20%，年收入达1 000亿美元。

对于帮助使用区块链的企业做出更好的决策和跟踪交易，使用大数据分析是至关重要的。这就是为什么新的数据情报服务正在出现，这些服务可以帮助金融机构、政府和其他企业发现它们在区块链中的应用模式，并发现隐藏的发力点。

大数据与区块链的融合，主要解决了安全性和可信性等问题。当前大数据应用中有两大问题，一是数据作伪，诸如刷单、水军评论等产生的垃圾数据，二是数据隐私性受到威胁。在大数据时代用户隐私被泄露已成为家常便饭，尽管很多互联网巨头已承诺保护个人隐私，但由于传统数据管理模式存在着很大的风险，难以从根本上保护数据，更多互联网企业奉行的仍然是“法无禁止即可为”的数据管理模式。而采用区块链来管理数据能为这一严峻的个人隐私安全问题提供有效的解决思路。区块链在大数据领域最重要的贡献，就是将数权回归个人。事实上，用户隐私并不是一种特权，而是一种人人都应当拥有的权利。每个个体的消费、点击、浏览、借款、还款等各种互联网活动所产生的大数据具有非常高的价值，但是用户目前实际上并未拥有它，也没有享受到由于数据被第三方使用所应得的收益。而区块链引领的未来价值互联网时代能够使数据所有权真正回归到用户手中。

未来，基于区块链机制的新型互联网商业模式下，数据将属于每一个个体，数据的密钥掌握在个体手里，第三方须通过区块链获得个体的确权才能使用。比如，病人的病例数据权限在病人手中，医生或者科研机构需要得到病人的确权才能够使用。同时，用于研究目的的数据，可能会根据一定的协议向用户支付必要的报酬。此外，在电商场景中，用户可以选择是否向第三方有偿分享个人数据，从而获得个性化推荐等服务。在食品安全场景中，区块链可以提供可信溯源服务，比如记录下一头牛从生产到加工的全过程并构建相应的食品安全大数据链，其中可包含牛的DNA、打过的疫苗、吃过的饲料以及任何与该头牛有关的信息。这样，消费者就可对所买到的每块牛肉进行安全溯源，食品安全将得到进一步保证。

当前，关于区块链+大数据的尝试已经开始进行。海洋协议就是一个去中心化的数据交换协议项目，通过去中心化的方式，为对数据有强烈需求的创新科技企业和数据提供方直接架起一座公平、公正、安全、高效、可审计、可追溯的数据交换桥梁。

图9-6 Ocean Protocol（海洋协议）——去中心化的大数据交换协议项目

第四节　区块链融合人工智能，让未来充满无限可能

人工智能作为近几年炙手可热的概念，受到了广泛的关注和追捧。人工智能主要是通过计算机模拟、实现和扩展一些人类智能可以完成的功能，主要包括识别、判断、行动等方面。随着互联网快速发展产生大量高价值的数据资源，再加上计算机计算能力的提升，人工智能技术得到了飞跃式的发展。而区块链作为另一个后起之秀，与人工智能一同被国内外很多学者列为下一次信息革命的关键新兴技术，并预言在信息时代，区块链和人工智能的结合注定会创造无限的可能。普华永道预测，到 2030 年，人工智能将为世界经济贡献 15.7 万亿美元，带动全球 GDP 增长 14%。根据高德纳的预测，区块链科技的商业增加值将在同一年增加到 3.1 万亿美元。

我国近年来在人工智能领域出台了一系列政策，其发展也取得了显著成效。目前，我国在人工智能领域的理论研究、应用研究方面均居于国际前沿，尤其是应用层面。例如，在智能家居中，音响可通过语音识别指令，手机可通过指纹、人脸识别身份；在交通运输业，可使用图像识别技术进行违章识别、控制交通流量；在医疗应用中，通过训练人工智能的机器可进行疾病诊断。2017 年美国斯坦福大学一个研究团队使用 13 万张人类皮肤癌图片让计算机进行深度学习，最后经过训练的人工

智能的机器对任意一张皮肤病图片的诊断准确率高达99.999%，超过任何一个著名的皮肤病医生。

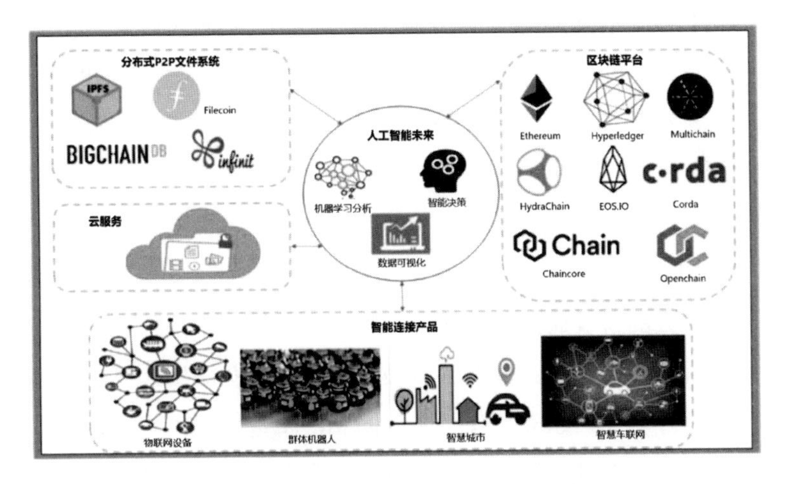

图9-7 与人工智能紧密相关的技术[⊖]

区块链和人工智能作为引领未来数字经济及价值互联网时代的两种重要技术，从不同角度为社会民生、智慧城市、实体经济等方面带来颠覆性变革。简单地说，人工智能的本质是理解人类智能，并建造与人类智慧相近的机器。区块链本质上是一个新的数字信息归档系统，以加密的分布式分类账格式存储数据。数据被加密并分布在许多不同的计算机上，所以数据库可以防篡改，高度健壮，只有有权限的人才能进行读取和更新操作。

区块链可以解决数据的可信性、安全性问题，从而支撑人工智能的高效学习。区块链主要解决了互信问题，而人工智能

⊖ 引自：*Blockchain for AI: Review and Open Research Challenges*，2019.

主要是用机器实现人类智慧。比如人工智能技术的学习训练需要大量的数据，数据的可信度对于人工智能，会在较大程度上影响智能化的最终结果，而区块链则能够较好地处理这一问题。

同时，区块链还有助于保护用户个人隐私。通过数据匿名、签名授权等功能，可以保护数据不被非法使用、篡改。而人工智能替代了一些人类的工作，进一步降低了个人数据直接暴露给第三方科技企业的风险，进一步保证了用户的隐私。诸如区块链加人工智能在医疗领域的应用，人工智能技术可以充分学习每个人的检查病例、既往病史等医疗健康数据，做出更便捷、更准确的诊断结果；而区块链技术可以将这些病例、病史等医疗数据匿名化，以充分保护个人隐私，将数据提供方、使用方分隔开，并设计公平有效的数据交换商业模式，维系数据协作链条的高效流转，从而为用户提供更好的医疗服务。

总之，区块链主要完成了数据确权和数据市场治理，使得用户能够分享自身数据产生的价值，显著降低互联网公司对数据的控制力。通过与区块链的结合，在人工智能领域里，移动端分布式人工智能算法将崛起；同时，互联网将加速网络去中心化、算法模块化，从而出现新的分布式的智能。区块链和人工智能的深度耦合，将真正实现未来智慧城市、工业控制、数字社会的最优化、价值化和智能化，创造新的数字商业模式。

结合两者特性，区块链和人工智能至少在以下三方面将相得益彰。

（1）区块链为人工智能提供安全保障

得益于固有的加密技术，区块链的数据本质上是高度安全的。这意味着，区块链是存储高度敏感的个人数据的理想之地，如果处理得当，这些数据可以给人们的生活带来更多价值和便利。想象一下，智能医疗保健系统可以根据我们的医疗扫描和记录做出准确的诊断，甚至可以简单地根据购物网站或浏览器使用的推荐引擎来建议我们下一步该买什么或看什么。输入到这些系统中的数据是在用户浏览或与服务交互时收集到的，是高度个人化的。为了保障数据安全，IT 公司必须投入大量资金，即便如此，导致个人数据丢失的大规模数据泄露事件的发生仍然越来越普遍，影响范围越来越大！使用区块链数据库，个人数据将以加密状态被存储，并由用户保存私钥从而控制个人数据的使用范围，大大提高了数据的安全性和私密性。

（2）区块链可以帮助跟踪、理解和解释人工智能做出的决策

经过大量复杂的算法计算，很多人工智能做出的决定有时对人类来说很难理解。例如，人工智能算法将越来越多地被用于判断金融交易是否具有欺骗性，是否应被阻止或调查。然而，当前仍需要由人类对人工智能的判断结果的准确性进行审核。考虑到涉及的大量数据，这将会是一项十分复杂艰难的任务。不过，结合区块链会使这一情形大不相同。通过使用区块链技术，人工智能在决策过程中使用的所有数据、变量和过程都有不可改变的记录。这使得审计整个过程变得容易许多。通过观察从数据输入到结论的所有步骤，观察方将确保这些数据没有被篡改，它让人们相信人工智能得出的结论。

无论人工智能在许多领域能发挥多么巨大的优势，如果它不被公众信任，那么它的有用性将受到严重的限制。区块链记

录人工智能决策的过程将成为实现人工智能透明度和深入了解机器人思维的重要步骤，帮助人工智能获得更多公众信任。

（3）人工智能可以更有效地管理区块链

传统计算机速度快却不够智能，如果不为传统的计算机提供执行任务的明确指示，就无法执行任务。这意味着，在传统计算机上处理区块链数据需要大量的计算机处理能力。例如，常用的挖掘比特币区块的哈希算法十分暴力，需要尝试字符的每一种组合，直到找到适合验证交易的组合。人工智能可以比人类更好地提高处理区块链的效率，摆脱以往野蛮暴力的方法，以更聪明、更有思想的方式管理区块链任务。想想一个破解代码的人类专家，如果他们表现良好，将如何在职业生涯中成功破解越来越多的代码，从而在破解代码方面变得更好、更高效。以机器学习为动力的挖掘算法会以类似的方式处理它的工作——尽管它不用花一生的时间就能成为专家，但如果得到正确的训练数据，它几乎可以瞬间提高技能。

因此，将区块链和人工智能这两种技术结合起来，有可能实现技术的革命。结合区块链和人工智能，两者能够互相增强对方的能力，并且也为实现更好的监督和问责流程创造机会。

区块链和人工智能技术分别以不同的方式处理数据，这两种技术的结合能将对数据的处理提升到一个全新的水平。区块链技术创造了分散、透明的网络，所有用户都可以在公网下接入此网络。同时，将机器学习和人工智能融入区块链，可以增强区块链的基础架构，提升人工智能的潜力。目前世界范围内多个明星项目在尝试将两者融合发展，已有了不少亮眼的成绩。

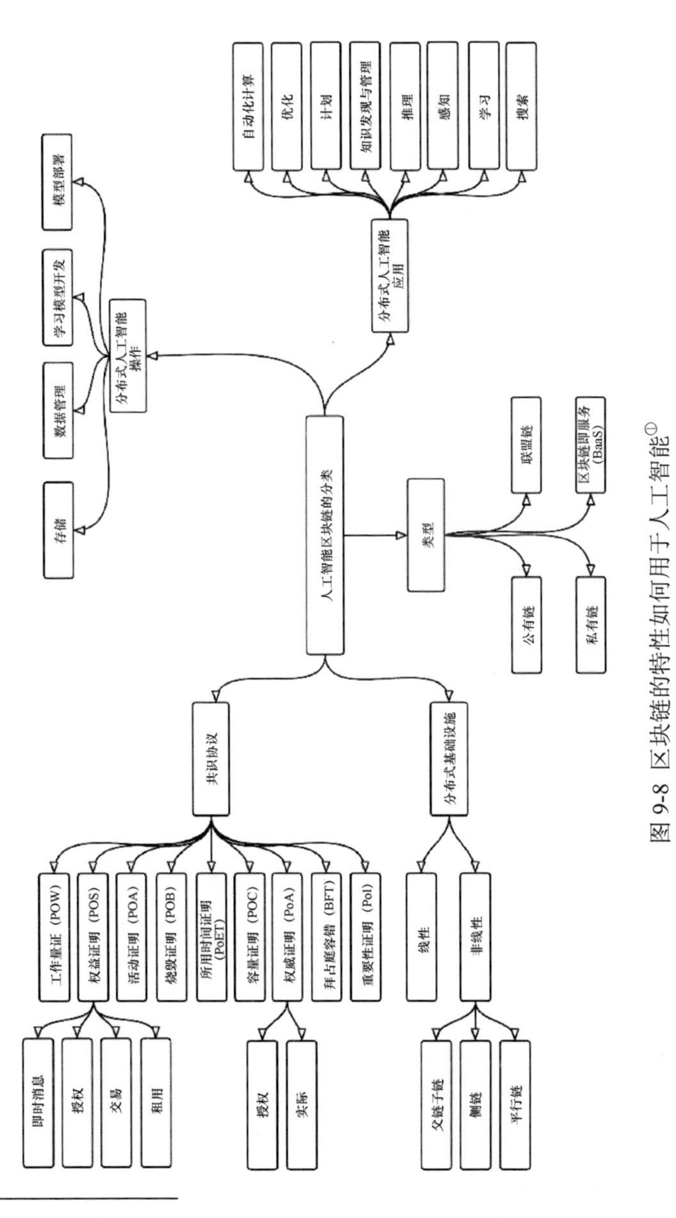

图 9-8 区块链的特性如何用于人工智能[1]

---

[1] 引自：*Blockchain for AI: Review and Open Research Challenges*，2019.

这两种技术的结合可能会带来数据的货币化。对脸书和谷歌等大公司来说，将收集的数据货币化会成为一个巨大的收入来源。让其他人决定如何出售数据，以便为企业创造利润，这表明当前数据的使用模式不利于用户。区块链允许用户加密保护自身的数据，并以用户认为合适的方式使用它。如果用户愿意，区块链也可以让用户个人货币化数据，而不会损害用户的个人利益。

两者技术的结合还能促进合理安全的数据共享。在人工智能算法的学习和发展过程中，可以建立数据市场，使人工智能网络可以直接从数据的创建者那里购买数据，避免了技术巨头利用用户的数据盈利，这使得数据的收益更加公平。这样的数据市场也将为小公司开放人工智能。对于不生成自己数据的公司来说，开发和喂养人工智能的成本非常高。通过此数据市场，一些原本过于昂贵或者由私人保存而无法被访问的数据将能够被访问。

类似医疗或财务数据之类的数据，由于过于敏感，无法移交给一家公司及其算法，那么可以将这些数据以低成本的、隐私的、弹性的、安全的、去中心化的方式存储在区块链上，人工智能获得相应许可并通过适当程序访问这些数据，实现数据的共享和匿名保护，保证在安全存储敏感数据的同时，发挥人工智能的巨大优势。

（1）奇点网：建立新型数据托管网络

总部位于阿姆斯特丹的非营利组织奇点网成立于 2017 年，自称是人工智能算法的分散市场。奇点网（SingularityNET）提供了一个平台，将区块链和人工智能结合起来，创建更智能、分散的人工智能块链网络，可以托管不同的数据集。通过建立一个应用编程接口，区块链将实现人工智能代理之间的相互通信。平台提供的市场是开源的，企业和软件开发人员通过向市场生态系统添加人工智能或机器学习服务来获得密码令牌形式的支付。通过向买方和卖方提供一组标准人工智能软件和硬件服务应用程序接口，集成到智能合同模板中。智能合同是可以自动执行的合同，将买方和卖方之间的协议条款直接写入代码行，满足条件便会触发代码并执行协议内容，大大提高了市场中各方之间的交流合作的速度和信任度。

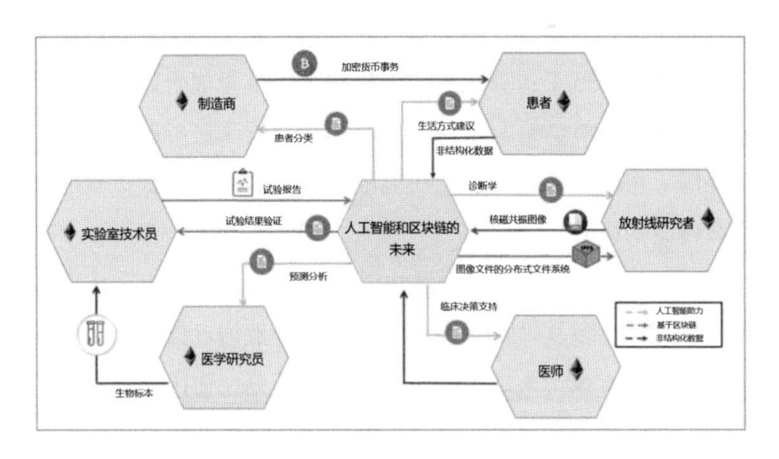

图 9-9 区块链助力去中心化智慧医疗服务[⊖]

尽管该项目仍处于初级阶段，在可衡量的强劲成果方面还没有多少可展示的，但奇点网声称，他们众筹的 ICO 在启动的

⊖ 引自：*Blockchain for AI: Review and Open Research Challenges*，2019.

第一分钟就筹集了 3 600 多万美元。奇点网声称他们的内部技术团队得到了汉森机器人公司（索菲亚机器人制造商）、墨子健康公司（专注于生物医学人工智能）和 iCog 实验室的专门合作团队的支援。

（2）深度脑链：区块链驱动新型分布式人工智能计算平台

深度脑链（DeepBrain Chain）是一家在新加坡成立的非营利组织，该组织使用人工智能和区块链技术开发了分布式人工智能计算平台，旨在解决人工智能行业的两大痛点：算力成本和数据隐私。人工智能在训练过程中需要庞大的数据量和计算资源。深度脑链作为区块链技术驱动的人工智能计算平台，通过发行深脑币及闲置计算资源再利用，整合了系统中参与者的计算资源，降低了计算成本。而应用区块链智能合约，可以保证企业提交运算训练需求后，在不与数据发生接触的情况下进行训练，将数据拥有方和使用方隔离，实现隐私保护，规避了隐私侵犯的风险。

矿工或个人组成了整个区块链网络，其中个人是通过 DBC 软件加入的。该软件可以衡量他们的计算能力，并允许其中满足要求的矿工或个人成为特定节点的一部分。为了支付人工智能训练服务的费用，矿工可以切换到培训屏幕并填写他们的训练请求。当人工智能正在接受训练时，将受到监控并被记录入代码日志中，供用户实时查看或在训练后查看。如果在训练过程中出现任何异常或问题，该程序也会在其训练仪表板上通知用户。训练完成后，矿工会被提示就训练用户人工智能的技术给出反馈。然后，他们将向训练师支付服务代币。矿工也可以在平台上上传和出租他们自己的数据集。

以下是 DBC 的图片，展示了该组织的商业模式框架：

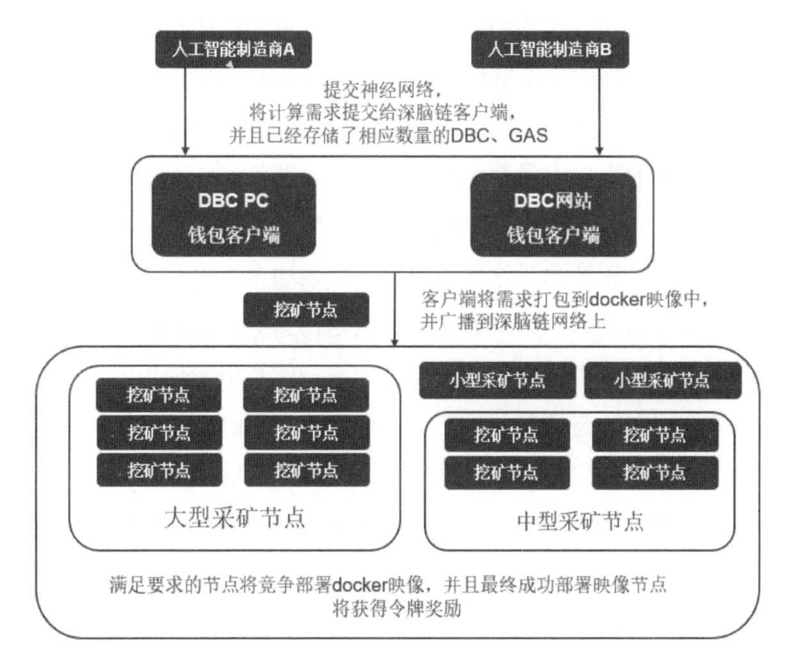

图 9-10　深度大脑 DBC 商业模式框架㊀

深度脑链与奇点网达成了合作伙伴关系，允许奇点网市场上的人工智能代理使用 DBC 市场提供的计算资源，高效推动产业发展。

（3）Numerai：用人工智能和区块链助力金融预测

Numerai 是一家使用人工智能技术的对冲基金金融技术公司，于 2015 年在旧金山成立，旨在从加入该平台的公司和开发

㊀ 引自：DBC 项目白皮书。

商那里获得预测模型和交易策略。

Numerai 创建人工智能的过程十分特殊——将建模用户与数据双匿名的方案作为基础，对用户开放加密的数据，以将众多的用户贡献的模型融合，最后搭建出人工智能模型。

Numerai 会定期举办加密数据和建模比赛，吸引匿名用户通过已加密的真实交易数据集完成建模和分析。Numerai 创始人 Riched Craib 透露，他们特意将数据处理成相对简单和抽象的形式，参赛者无法洞悉这些简单数字代表的含义以及其背后到底发生了什么交易，只能通过这些数据构建更优秀的机器学习模型。因为比赛中采用的数据均已加密，比赛中所使用的数据只能被应用在特定的某些机器学习模型中，同时可以保护这些数据背后的企业信息。通过这种安全保障，能够使更多的交易数据集得以释放、共享和使用。所有人都能够匿名报名参加 Numerai 的机器学习比赛，只要参赛者真的构建出能够预测市场的模型，Numerai 将给予参赛者比特币作为奖励。每周都会有 100 名用户因为贡献了有效的预测而获得比特币奖励，累计至今 Numerai 已经发放价值超过 15 万美元的电子货币。

Numerai 声称，他们每周都会综合表现最好的模型的特征，创建一个集体人工智能模型，控制 Numerai 对冲基金的资本投资策略。

（4）Peculium：基于人工智能的理财顾问

Peculium 是一个储蓄和投资平台，声称可以帮助投资者自动管理密码货币投资组合。该公司声称已经开发了一个名为 AIEVE 的人工智能顾问，该顾问使用自动机器学习从密码货币市场的历史信息分析中学习。分析的数据来自在线内容，包括实时金融市场、密码货币、新闻媒体、在线研究或出版书籍。

根据 Peculium 的白皮书，大型企业和公司可以通过 Altreus 进行投资，Altreus 是公司的投资平台，包含区块链智能合同。智能合同会预先定义一个合同期限，在此期限之后，智能合同会自动向金融公司返还预定义部分的收益，整体流程高效透明。

目前来看，将区块链技术和人工智能组合起来的前景仍然不太明朗。人工智能领域著名咨询公司 Emerj 调研人工智能的领域涵盖各行各业的大量应用，从银行到药物开发再到零售等。在这项广泛的研究中可以看到人工智能和区块链的结合十分不同于其他众所周知的人工智能策略，如机器学习。只是这两种技术之间的相互作用将如何发展，目前没有谁能说得清楚，但是有一点是毋庸置疑的，那就是真正的颠覆潜力是存在的，并且正在悄然酝酿中。

第五节 区块链与分布式存储，为行业带来新风貌

2018 年的脸书“隐私门”事件告诉了人们，隐私数据都被集中在一个地方是一件十分危险的事情。任何一家收集了海量客户数据的公司都很难抵抗数据中隐形财富的诱惑，哪怕会触犯法律。脸书收集了人们的数据，并将它们出售给了剑桥分析公司，用以操纵选举。通过分析数据，对不同人群进行针对性的宣传，做出“专属”的内容消息，用“专属”的手段让网民

们在网上逐渐朝他们想要的结果走去，其力量甚至能影响选举！这样的一个数据泄露行为显然是触犯法律的，但即使存在法律约束和巨额罚款的威胁，拥有大规模用户数据的公司仍旧会禁不住诱惑，对客户的隐私数据下手，问题出现在哪？是法律威慑力不够？是监管不到位？还问题或许出在更加根本的地方——数据存储的方式。

如今大多的社交网站、银行、医院等机构都会将用户数据集中存储在数据服务器中，管理者对数据具有完全控制权，所有访问者都能从服务器中获取数据。中心化数据库使得用户的数据隐私能被管理者直接获取，容易发生泄漏；单一数据服务器集中了所有的数据，一旦出现问题则所有数据服务都将停止。集中式存储尽管存在着流程简单、管理便捷等优点，但其在容量、性能、安全方面所暴露出来的问题也日益严峻。那么数据存储需要进行怎样的革新才能满足现今大数据时代对容量及安全性的需求呢？与集中式存储截然相反的分布式存储技术成了许多高新科技企业的首选。

分布式存储，顾名思义，是指将数据分散地存储于不同的独立设备之中的技术。不同于集中式存储，分布式存储由于数据分散分布，它不依赖于中心权威服务器，即使少数服务器被破坏，也不会导致其数据出现损毁泄漏问题，客户仍能从其他正常的服务器获取需要的服务。并且得益于其本身的分布式的架构，它解决了服务器的性能瓶颈等问题，并提高了数据管理架构的可扩展性。区块链作为一种安全分布式系统技术能很好地应用于分布式存储网络之中，能提供给客户安全可靠的数据存储服务，是现在分布式存储技术发展的一个大趋势。在这样一个分布式存储网络中，每一个网络都是对等的，有需求的双方可以进行交易贩卖或购买存储资源。双方通过数字通证进行交易，具体交易的信息记录在区块链账本之上，存储资源提供方可以持续地提供一种 “时空证明”来向别人证明它真实存储了用户往链上写入的数据。这样的一个结合方案，既具有集中式存储真实可信的优点，又具有分布式存储安全可靠的优点，近年来也推出了多种落地应用。

IPFS（星际文件系统）就是上述“区块链+分布式存储”应用的一种。IPFS 是一个基于区块链的分布式存储解决方案，可以激励用户在硬盘上使用闲置的空间来托管数据。IPFS 充分利用了区块链的不可篡改特性实现了一个公平可靠的存储环境，区块链和分布式存储技术的结合，不再需要消耗大量资源使客户多方彼此信任，进而实现了降低存储资源成本的目的。IPFS 的存储成本是集中式存储成本的 1/3，这也证明了基于区块链的分布式存储系统在成本方面具有巨大优势。基于上述的一些优点，“区块链+分布式存储” 应用有望凭借其高安全、低成本的特性，成为下一代互联网的基础设施之一。虽然基于区块链的分布式存储网络现在大多还处于小范围的研究阶段，仍然需要更大规模的试验来观察它们在复杂环境的表现，但是其技术在降低成本方面的巨大优势让我们可以期待该技术在未来的表现。

目前，基于区块链的分布式存储技术的研究正热火朝天地进行之中，其大容量、低成本、高安全的优势吸引了许多研究者。可以预见的是未来用户可以自由选择自己数据的保存点，而不需要忍受着数据攻击、安全漏洞、审查、对数据缺乏控制等危险，“别无选择”地只能从几家科技公司主导的平台中挑选。“区块链+分布式存储”将会使用户摆脱这样的束缚，带领人类进入不必担心隐私数据安全的时代。

后　记

自区块链诞生之日起，人们就致力于通过它使我们的生活变得更加美好，它独特的理念和优秀的特性为各行各业带来新的变革风暴。比特币是人们最为熟知的、也是最早的区块链应用，它充分利用了区块链的去中心化、不可篡改和安全等特性，成功向世人展示了一个崭新的技术。在过去的十年里，区块链在加密货币及基础网络设施领域已经产出了比特币、以太坊等优秀项目，那么在下一个十年里，区块链又将为哪些行业带来新的变革呢？

金融行业的人们很快就意识到了区块链隐藏的巨大潜能，并投身其中，他们基于区块链开发了许多不同的数字货币，并尝试将区块链的特性应用于基础的交易、运营之中来降低成本，提升效率。在诸如资产证券化、保险、资产托管等多个金融场景中，由于涉及多方参与，其建立信任所需代价高昂，传统的方法在解决行业长期存在的信息不对称、流程繁杂、信息验证成本高等核心痛点时难见成效。日前，脸书联合 Visa、万事达卡等金融机构宣布将于 2020 年推出全球性加密货币 Libra，尝试与现实资产挂钩打造一种稳定、易用的线上货币，打破货币壁垒，向全世界人民提供实惠、便捷的金融服务。区块链技术应用到数字货币等金融场景时，通过时间戳、哈希加密机制来保证区块链账本数据的可靠性和不可篡改性，构建了一个低成本信任的市场环境。所有市场参与者都可以平等地获取市场中所有交易和资产等信息，有效解决了信息不对称问题。同时各参与方之间无须再耗费大量资源去进行信息校验，大大降低各机构之间的信任成本。此外，智能合约的应用大大降低了结算支付环节的错误概率，使流程得以简化，效率得以提高。区块链技术特有的数据溯源、分布式记录、合约自动高效执行等特性，为金融行业的发展变革孕育了强大的潜力，而财务会计行业作为与金融息息相关的行业自然也不会错过区块链这个改革浪潮。

当然，需要区块链解决问题的不只是金融相关的行业，像是版权行业也需要运用区块链技术构建一个可信数据网络来进行行业革命。在这个人人皆可上网的时代，由于数据传播复制成本的降低，传统媒介如图书出版商和网络服务平台等集中化的版权保护模式难以奏效。数字化作品的复制、下载在网络时代变得更加容易，这也使得版权的确认和侵权认定问题更为复杂。而区块链能够完整地记录作者创作作品的全过程，并通过“时间戳”以及连续数字签名为任意一个特定的时间点提供证明，这就使得确定作品的著作权变得简单。并且通过哈希加密的手段，作者在出示区块链相关证明时，也不会泄漏其作品版权本身的内容。同时可以使用区块链技术在数字作品上附加相关版权协议，使得作品的版权信息在传播中可以被追溯，从根本上起到保护知识产权、防止恶意侵权的作用。从这几点来看，区块链技术在版权行业的颠覆性影响一点也不比其在金融领域

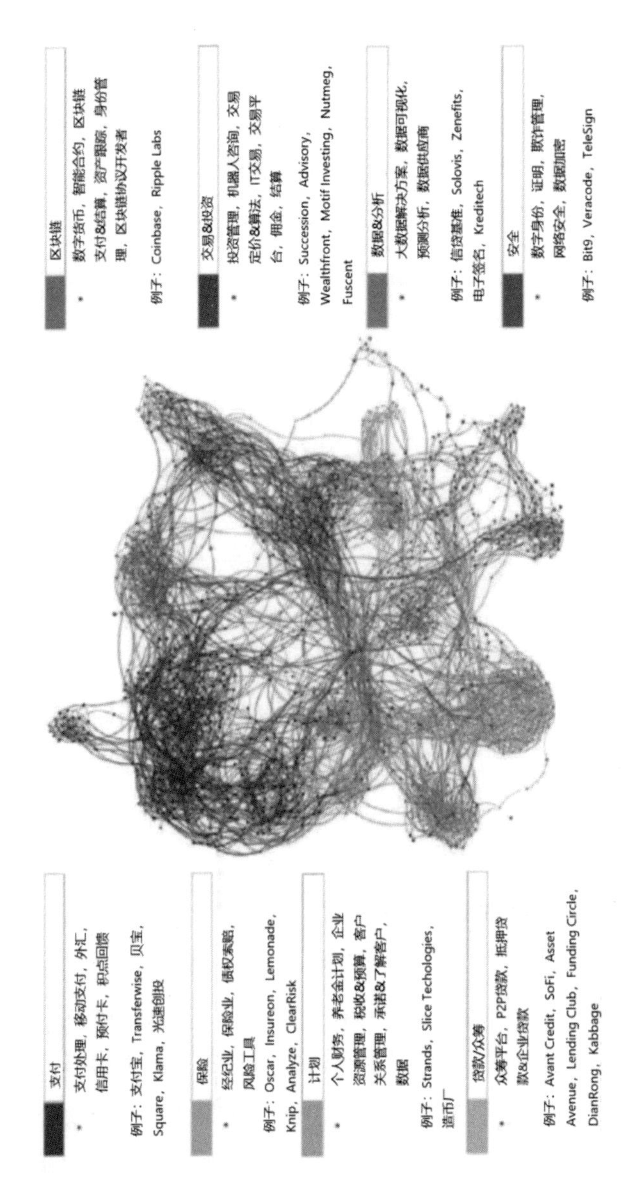

区块链为全球金融科技蓝图涉及八大技术领域中的关键一环⊖

⊖ 资料来源：Quid，波士顿咨询公司 BCG，Expand，《2016 全球金融科技的发展趋势》。

的小。现在已经有许多科技公司在此方向上努力着，音乐网站“Ujo 音乐”采用区块链技术进行交易，在保证用户能够获得版权的同时，版权发布方也能够直接获得利益；美国 Mine Labs 公司通过一项以区块链技术为基础的元数据协议对数字图片进行版权保护，目前已为超过 200 万的原创数字图片提供保护。这些应用证明了区块链已经给版权行业带来巨大的影响，想必在技术成熟后也将会全面改变创作者的生活。

与之前的行业不同，教育领域乍看之下，完全和区块链技术搭不上关系，可能也就只有大学老师会开设区块链相关课程这一关系。实则不然，区块链在教育行业也大有发展。如今的学习环境不断向网络化、全球化的方向发展，传统的教育机构在管理、认证学习者学习过程方面，往往力有不逮，缺少高效的方式、资源和能力去检验学习者的能力。同时，学习者需要获得认可度高的课程证书来证明自己的学习，然而获得相关证书需要通过第三方机构繁杂的评估认证流程，不仅花费高昂，而且费时费力。而使用区块链来记录学生学习时的各种数据，并将这些数据交付给专业平台进行分析，能简化记录流程、提升工作效率，并为学生提供差别化的服务。将学习证书记录在区块链上具有非常高的安全性和可信度，智能合同会在每一次证书的发放和查询时，进行多重签名校验，凭借检验其创建时的哈希值，可以验证证书是否合法或被篡改。中央财经大学发起了一项“校园区块链”项目，由世纪互联公司与微软公司共同研发，通过区块链技术将学生在校期间的所有学业成就记录保存，方便将来学生在应聘时让招聘单位获取和查验。

后　记

过去，社会的各行各业都为了维持信任而付出了高额的成本，无论是在银行的交易，还是在各种数据、证书的验证的过程中都花费了很大的精力。区块链的出现为所有这些需要解决信任问题的领域都带来了正面的影响，有希望为各行各业带来变革，带领人们走进低成本信任的时代。当然，区块链的全面应用仍旧有许多的困难，需要研究者们继续努力，也需要教育者们继续传播区块链技术的相关思想，使区块链得到更多人的理解和认可，这样区块链才能为我们的生活带来更多便利。